U0166188

漫谈数学好玩

周春荔　编著

电子工业出版社

Publishing House of Electronics Industry

北京・BEIJING

图书在版编目（CIP）数据

漫谈数学好玩 / 周春荔编著.—北京：电子工业出版社，2023.2

ISBN 978-7-121-44994-9

Ⅰ．①漫…　Ⅱ．①周…　Ⅲ．①数学－青少年读物　Ⅳ．①O1-49

中国国家版本馆 CIP 数据核字（2023）第 017578 号

责任编辑：孙清先

文字编辑：杨　晗

印　　刷：三河市鑫金马印装有限公司

装　　订：三河市鑫金马印装有限公司

出版发行：电子工业出版社

　　　　　北京市海淀区万寿路 173 信箱　邮编：100036

开　　本：787×1 092　1/16　印张：11.25　字数：216 千字

版　　次：2023 年 2 月第 1 版

印　　次：2023 年 2 月第 1 次印刷

定　　价：49.80 元

凡所购买电子工业出版社图书有缺损问题，请向购买书店调换。若书店售缺，请与本社发行部联系，联系及邮购电话：（010）88254888，88258888。

质量投诉请发邮件至 zlts@phei.com.cn，盗版侵权举报请发邮件至 dbqq@phei.com.cn。

本书咨询联系方式：88254052，dengf@phei.com.cn，88254509。

前　言

本书收录了作者在 2009～2020 年间为数学普及工作所做的报告和几篇文稿. 以陈省身教授的"我们需要数学,我们欣赏数学"为主旨,围绕"数学好玩"这个话题,讨论通过数学学习发展青少年的思维品质. 体现了数学的教与学本质上是数学思维的教与学的基本理念.

为了阅读方便,本书将文稿简单地分为"数学普及""数学思维"和"数学文化"三部分."数学普及"包含三篇近期的讲座,揭示了数学普及三个方面的内涵. 第一讲"数学好玩"可以看作本书的纲,介绍数学的真、善、美. 第二讲是通过面积解题来体会知识之间的联系和思维的美妙.第三讲通过勾股定理的古与今来认识数学文化现象,增进普及现代数学文化对提高中华民族的文化素养的重要性的认知."数学思维"部分共包含四篇文稿. 第四讲解说主要的思维品质及其培养途径. 第五讲漫谈从不同角度分析问题的体会,第六讲例说几种常见的数学思维方法.在第七讲中体验这些方法的运用."数学文化"中的第八讲是作者阅读"鸡兔同笼,受用终生"的读后感悟,由"鸡兔同笼"问题的古今考察,通过读书学习,体验如何提出问题,解决问题,推广扩充,抽象概括,发展新的问题和知识.,解惑为什么"鸡兔同笼,受用终生"的道理. 数学奥林匹克是近百年来数学教育新起的世界潮流,是一种新兴的数学文化现象,通过解一些难度较大且具有挑战性的数学问题对发展青少年数学思维、发挥培优选才方面的独特作用. 第九讲简要介绍了我国奥数培训的一些资料. 全书呈现了了解数学、增进数学学习兴趣、提高数学思维品质和数学文化素养的全过程. 其中每一讲也可独立选读,作为专门研究的课题.

信息时代的到来,人们充分意识到加强数学基础理论研究的重要性. 高新技术本质上是数学技术,数学作为文化的一部分,其最根本的特征是它表达了一种探索精神. 提高数学素养是提高全民族文化素养的重要组成部分,也是实现中华民族伟大复兴的一项重要工程.

笔者编写本书是为了给研究数学思维和智力开发的朋友提供一些参考资料与研究线索,交流学习数学文化和探索智力开发的心得,启蒙广大青少年朋友重视学习、研究数理化等基础理论科学的兴趣与追求. 由于文稿写于不同时期,文稿中对个别重复的例题做了删节,文字方面也做了必要的加工和简化.

首都师范大学数学科学学院

周春荔

2021 年 7 月 1 日

目 录

第一部分 数学普及

第二部分 数学思维

第三部分 数学文化

第一部分　数学普及

数学好玩①

本讲的标题出自数学名家陈省身（1911—2004）教授给数学爱好者的题字：数学好玩！这四个字可以看作陈老对数学体验的精辟表述.

少先队员向陈省身献花

人们常说：数学是思维的体操，数学是打开科学大门的钥匙. 前者说的是数学的教育功能，是对主体自身能力的发展，后者则说的是数学被主体掌握以后的社会功用，前者是基础，后者是目的. 全面进行数学思维训练，可以使我们具备良好的科学思维素养. 数学是科学的语言，数学是现实世界的空间形式和数量关系的模型、结构或模式. 抽象思维是数学的威力，谁能掌握好抽象思维这个数学工具，谁就获取了进入现代科学殿堂的通行证.

著名荷兰数学家和数学教育家弗赖登塔尔说："数学是智力的磨刀石."菲尔兹奖获得者陶哲轩教授对此深有体会，他说："数学问题或智力题，对于现实中的数学（解决实际生活问题的数学）是十分重要的，就如同寓言、童话和

① 本文在 2020 年 4 月 30 日腾讯教育《2020 "华数之星" 青少年数学大会数学科普公益讲座》网上直播

奇闻轶事对于年轻人理解现实生活的重要性一样. 如果把学习数学比作勘探金矿, 那么解决一个好的数学问题就近似于为寻找金矿而上的一堂'捉迷藏'课. 你要去寻找一块金子, 同时给了你挖掘的合适工具（如已知条件）. 金子隐藏在不易发现的地方, 要找到它, 比随意挖掘更重要的是正确的思路和技巧." 可见, 数学对开发智力、锻炼思维有重要作用.

那么如何通过数学这块磨刀石来磨炼自己的思维, 如何将学习数学看作勘探金矿, 享受找到金矿的快乐呢? 比随意挖掘更重要的是正确的思路和技巧. 事实上, 我们正是在学习数学、解决数学问题的过程中, 掌握了正确的思路和技巧, 由此带来成功的喜悦, 使我们感到 "数学好玩".

下面我们对中小学数学知识范围内的一些问题进行交流, 共同体会数学的各种魅力!

1.1 数学的理性思考, 魅力无穷

例 1 我国年龄不超过 100 岁的人口数量超过 14 亿. 是否存在两个人的出生时间相差不超过 2.3 秒钟?

如果为了此题开展人口大普查, 既兴师动众, 耗费资金和精力, 又不能准确得知人们的出生时间（精确到几分几秒）, 特别是 50 岁以上大部分人的出生时间大多只能精确到日, 因此普查的办法是行不通的.

会用数学思维思考问题的人, 可以采取另外的处理方式. 我们不妨只考察 1~100 岁的时间段. 1 小时等于 3600 秒, 1 天等于 3600×24=86400 秒, 1 年最多为 366 天（都按闰年算）, 合 86400×366=31622400 秒, 100 年最多为 3162240000 秒. 如果每 2.3 秒为 1 个间隔, $\frac{3162240000}{2.3} \approx 1374886957$ 个间隔, 现把 1400000000 人放入 1374886957 个间隔内, 可以肯定至少有两人的出生时间相差不超过 2.3 秒钟. 所以会用数学思维思考的人只需要动脑筋想一想、算一算, 就能很快得出正确的结论.

例 2 由生物学数据得出结论: 每个人的头发根数不超过 20 万根.请你证明, 在一个人口至少为 20 万零 2 人的城市里, 一定有两人的头发根数一样多.

这是一道大家感兴趣但又不知道如何解决的问题，因为我们不能去数一个人的头发. 怎么办？我们还是用数学思维来思考问题.

我们按每个人的头发根数构造 200001 个抽屉（如图 1.1 所示）. 每个人按头发根数归到这 200001 个抽屉中，每个抽屉 1 人，至多占用 200001 个人.

200001个抽屉

（图 1.1）

由于 200002=1×200001+1，剩下的 1 人的头发根数也不超过 20 万根，因此也应归到其中的一个抽屉中，则这个抽屉中至少有 2 人，即一定有两个人的头发根数一样多. 如此一来，极为繁重的数头发根数的工作就用数学智慧极为简单地解决了，十分好玩.

1.2 数学的缜密推理，精彩绝伦

例 3 给定五个半径两两不等的圆，其中任意四个圆都共点（交于一点）. 求证：这五个圆一定共点.

这还不简单！画五个圆看一看吧！结果越画越乱，根本说不清楚. 怎么办？正面捋不清，我们"正难则反（从结论出发或从反面考虑问题）".

设这五个圆编号为①、②、③、④、⑤，假设这五个圆不共点，依题意，其中任意四个圆都共点（如图 1.2 所示），我们将共点分别记为 A、B、C.

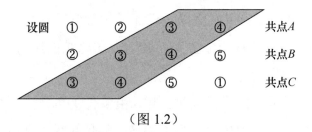

（图 1.2）

由于假设这五个圆不共点，则 A、B、C 为两两不同的三个点.但这三个点

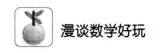

是圆③和圆④的公共点，也就是半径不同的两个圆，圆③和圆④有三个不同的交点.这与两圆相交至多有两个交点的结论矛盾，所以这五个圆一定共点.

你看多么简洁、漂亮的证明，令人叹服！

例4 两个边长为0.9的正三角形纸片，能盖住一个边长为1的正三角形纸片吗？请你简述理由.

盖一盖、试一试吗？盖来盖去就是差一点儿，而且无穷多种位置的可能性，永远也试不完.怎么办？我们可以用数学的方法进行推理.

如果两个边长为0.9的正三角形纸片，能盖住一个边长为1的正三角形纸

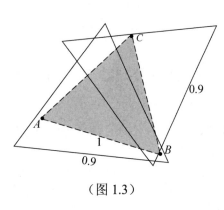

片（如图1.3所示），那么必然可以盖住边长为1的正三角形纸片的三个顶点 A，B，C. 于是根据抽屉原则，至少有一个边长为0.9的正三角形纸片盖住其中的两个顶点，不妨设盖住的是 A，B 两顶点，则 $AB \leqslant 0.9$，这与 $AB = 1$ 矛盾. 所以，两个边长为0.9的正三角形纸片，无论怎样放置，都盖不住一个边长为1的正三角形纸片.

（图1.3）

简洁有力的数学推理，避免了试来试去.如果你能想到这个证法，你会油然而生一种成就感，这是多么美好的精神享受哇！

例5 某校学生中，没有一位学生读过学校图书馆的所有图书.又知道图书馆内任何两本书都至少被同一位学生读过.能不能找到两位学生甲、乙和三本书 A，B，C，使得甲读过 A，B 没有读过 C，乙读过 B，C 没有读过 A？说明你的判断过程.

根据图书馆的借书登记表统计一下，不就知道了吗？但是真做起来既费时又费心，稍微一走神就会出错.所以我们还是用数学方法解决吧！

注意两个条件：①没有一位学生读过学校图书馆的所有图书；②任何两本书都至少被同一位学生读过.

第一步，设读书最多的一位学生为甲.由条件①可知，至少有一本书 C 甲没读过，在被甲读过的书中任取一本书为 B. 根据条件②可知，B，C 至少被一位学生读过，不妨设读过 B，C 的学生是乙.易知乙≠甲（因甲未读过 C）.

第二步，可以断言，甲读过的所有书中一定有乙未读过的书（否则甲读过的书乙都读过，而乙比甲还多读一本书 C，这与甲是读书最多的一位学生的假设矛盾）．

设书 A 是甲读过的书中乙未读过的（如图 1.4 所示）．这样一来，我们就找到了甲、乙两位学生和 A，B，C 三本书，满足甲读过 A，B 没有读过 C，乙读过 B，C 没有读过 A．这样必定存在的事情可以用数学推理和逻辑常识证明．

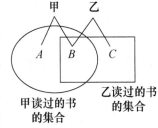

（图 1.4）

逻辑可以使你的思维更加灵活、严谨、有条理．通过练习，可以帮助我们学习和掌握形式逻辑的常识．学习和掌握了形式逻辑的常识，又可以提高我们分析问题、解决问题的能力．

例 6 在 6×6 的棋盘上用 1×2 的矩形骨牌覆盖格子．证明：一定存在一条棋盘的格子线，沿这条格子线切一刀，不会切断任何骨牌．

在 6×6 的棋盘上可摆放 18 张 1×2 的矩形骨牌（如图 1.5 所示），看哪条棋盘格子线没被骨牌压着，切一刀就可以了．且慢！这种没被骨牌压着的格子线一定存在吗？放骨牌的方式有很多种，你能实验所有情况吗？还是请数学推理来帮帮忙吧！

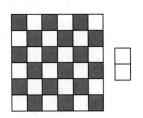

（图 1.5）

将 6×6 的棋盘以黑白相间的形式进行染色，有 18 个黑格，18 个白格．每块骨牌一定会盖住一个黑格和一个白格，所以骨牌盖住的方格数必定是偶数，且黑格、白格各占一半．由于任一条格子线把 6×6 的棋盘分为两部分，每部分都是偶数个方格．因此若沿一条格子线切断一块骨牌，至少还得切断另一块骨牌才能保证格子线两边的方格数都是偶数，所以一条格子线至少要切断两块骨牌．

假设不存在切断骨牌的格子线，那么沿 10 条格子线的任一条格子线切一刀，都会切断骨牌．由于一条格子线至少切断两块骨牌，则 10 条格子线至少要切断 20 块骨牌，这与整个棋盘最多放有 18 块骨牌相矛盾．所以一定存在一条棋盘的格子线，沿这条格子线切一刀，不会切断任何骨牌（如图 1.6 所示）．

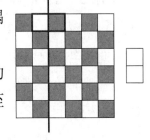

（图 1.6）

数学之美、好玩，还在于技巧的奇妙与高超，使人享受美感，心悦诚服！

例 7　请你将 1 写成 10 个不同的单位分数之和.

做这道题简直像大海捞针，具有极大的挑战性！

10 太大了，我们改为"请你将 1 写成 2 个不同的单位分数之和".
$1 = \frac{1}{2} + \frac{1}{2}$，1 不能拆分成两个不同的单位分数之和，而 $1 = \frac{1}{2} + (\frac{1}{2} - \frac{1}{3}) + \frac{1}{3} = \frac{1}{2} + \frac{1}{6} + \frac{1}{3}$，这样，1 可以写成 3 个不同的单位分数之和. 现在的关键在于继续拆分，能否用此法解本题呢？

我们不妨试试看！

$$1 = \frac{1}{2} + (\frac{1}{2} - \frac{1}{3}) + (\frac{1}{3} - \frac{1}{4}) + (\frac{1}{4} - \frac{1}{5}) + (\frac{1}{5} - \frac{1}{6}) + (\frac{1}{6} - \frac{1}{7}) + (\frac{1}{7} - \frac{1}{8}) + (\frac{1}{8} - \frac{1}{9}) +$$

$$(\frac{1}{9} - \frac{1}{10}) + \frac{1}{10} = \frac{1}{2} + \frac{1}{6} + \frac{1}{12} + \frac{1}{20} + \frac{1}{30} + \frac{1}{42} + \frac{1}{56} + \frac{1}{72} + \frac{1}{90} + \frac{1}{10} = \frac{1}{2} + \frac{1}{6} +$$

$$\frac{1}{10} + \frac{1}{12} + \frac{1}{20} + \frac{1}{30} + \frac{1}{42} + \frac{1}{56} + \frac{1}{72} + \frac{1}{90}.$$

解答至精至简，1 可以拆分成 10 个不同的单位分数之和了.

本题实际是 $\frac{1}{1 \times 2} + \frac{1}{2 \times 3} + \frac{1}{3 \times 4} + \frac{1}{4 \times 5} + \cdots + \frac{1}{9 \times 10} = ?$ 类型问题的逆问题. 依次逆用代数公式 $\frac{1}{n} - \frac{1}{n+1} = \frac{1}{n(n+1)}$ 得出结果. 举一反三，"如何将 1 写成 2020 个不同的单位分数之和"这道题，你一定会解了吧！

1.3　数学的构造之美，巧夺天工

例 8　a, b, c, d 都是正数. 证明：存在这样的三角形，它的三边等于 $\sqrt{b^2 + c^2}$，$\sqrt{a^2 + c^2 + d^2 + 2cd}$，$\sqrt{a^2 + b^2 + d^2 + 2ab}$，并计算这个三角形的面积.

此题若直接利用"三角形不等式"来判定三条线段为边能否构成三角形，然后再利用海伦公式依据三边计算三角形的面积，会使人望而生畏的. 但是，只要认真分析题目的条件，注意到 $\sqrt{b^2 + c^2}$，$\sqrt{a^2 + c^2 + d^2 + 2cd}$，$\sqrt{a^2 + b^2 + d^2 + 2ab}$ 的结构特征，就会萌生利用勾股定理把这三条线段构造出来的想法，我们不妨试试看.

解：如图 1.7 所示，以 $a+b, c+d$ 为边画一个矩形，阴影部分三角形的三条边分别为 $\sqrt{b^2+c^2}, \sqrt{a^2+(c+d)^2}, \sqrt{(a+b)^2+d^2}$，满足题设条件的三角形就构造出来了. 当然它的存在性也就证明了.

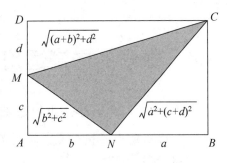

（图 1.7）

设阴影三角形的面积为 S，显然

$$S = (a+b)(c+d) - \frac{1}{2}bc - \frac{1}{2}d(a+b) - \frac{1}{2}a(c+d) = \frac{1}{2}(ac+bc+bd).$$

这样就把此题巧妙地解出来了. 妙不妙？美不美？好玩不好玩？是不是有成功的喜悦呀！真是"山重水复疑无路，柳暗花明又一村"！

例 9 P 为正 $\triangle APC$ 内的一点，$\angle APB=113°$，$\angle APC=123°$. 求证，以 AP，BP，CP 为边可以构成一个三角形. 并确定所构成的三角形的各内角的度数.

如果大家不了解几何变换，要判断 AP，BP，CP 三条线段可以构成一个三角形的三边，通常采用判定其中任两条线段之和大于第三条线段的办法，然而如何求所构成的三角形各内角的度数，又会令人束手无策. 可见这个问题具有极大的挑战性. 这里给出提示：利用旋转试一试.

如果以 C 为中心，将 $\triangle ABC$ 逆时针旋转 $60°$，A 点落在了 B 点的位置，线段 CA 落在了 CB 的位置，P 点落在了 P_1 点（如图 1.8 所示）. 此时，$CP = CP_1$ 并且 $\angle PCP_1=60°$，$\triangle APC \cong \triangle BP_1C$，

当然有 $AP = BP_1$，$\angle BP_1C=\angle APC=123°$.

容易由 $CP = CP_1$，$\angle PCP_1=60°$，知 $\triangle PCP_1$ 为等边三角形，所以 $PP_1 = CP$，$\angle CPP_1=\angle CP_1P=60°$. 这时，$\triangle BPP_1$ 就是以 BP，AP（$=BP_1$），CP（$=PP_1$）为三边构成的三角形.

易知 $\angle BP_1P=\angle BP_1C-\angle CP_1P=\angle APC- 60° = 123°-60°=63°$.

又因为 $\angle BPC=360°-113°-123°=124°$，所以 $\angle BPP_1=\angle BPC-\angle CPP_1= 124°-60°=64°$. 因此 $\angle PBP_1=180°-63°-64°=53°$.

神奇的旋转，让人茅塞顿开.

1.4 数学的广泛适用，神机妙算

例 10 园林小路，曲径通幽. 如图 1.9 所示，小路由白色正方形石板和青、红两色的三角形石板铺成. 问内圈三角形石板的总面积大，还是外圈三角形石板的总面积大？请说明理由.

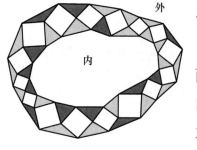

（图 1.9）

人们凭借直觉常认为是外圈三角形石板的总面积比内圈三角形石板的总面积大，其实外圈与内圈三角形石板的总面积一样大. 这表明，"眼见为实"并不等于"眼见为真"，要进行科学验证.

石板路的基本结构如图 1.10 所示，两个共顶点的正方形夹着一个内圈和一个外圈的三角形，我们只要证明所夹内、外圈的这两个三角形面积相等就可以. 为此将△ABC 绕顶点 A 顺时针旋转 90°，到

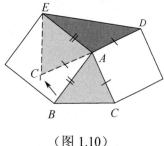

（图 1.10）

△AEC₁ 的位置. 易知，D, A, C₁ 三点共线，$AC_1=AD$，A 是线段 C_1D 的中点，所以△AEC_1 的面积与 △AED 的面积相等. 也就是△ABC 的面积与△AED 的面积相等.

学过三角形面积公式 $S = \dfrac{1}{2}ab\sin C$ 后，本问题更加容易解决.

当你在园林小路漫步时，可曾想过悠闲的脚步下竟然隐藏着这样深邃的数量关系？世界真奇妙！不探索就不知道！

诚如张云勇教授所说："得数学者得天下，失数学者失脚下."所以，不学好数学，就连踩在脚下的数量关系也是弄不清的！

例 11 若干个城市间彼此距离两两不等，某日清晨 8 点从每个城市同时升起一架无人驾驶飞机，并降落在离它最近的城市. 证明：每个城市降落的飞机至多有 5 架.

乍看起来，无从下手，但细看条件"城市间彼此距离两两不等"，如果"城市间彼此距离都相等"会如何？我们想到了极为熟悉的"正六边形模型"，

有 6 个顶点，每个中心角都是 60° 的图形（如图 1.11 所示）.

由此得到启示，假设某个城市 O "降落的飞机至多有 5 架" 不成立，则应为至少有 6 架. 如图 1.11 所示，A, B, C, D, E, F 6 个城市的飞机都降落于城市 O，即这些城市到 O 的距离比它们每个到其他城市的距离要近. 即

$$OA<AF, OA<AB; OB<BC, OB<AB; OC<CD, OC<BC;$$
$$OD<CD, OD<DE; OE<DE, OE<EF; OF<EF, OF<AF.$$

因此，AB, BC, CD, DE, EF, FA 分别是其所在三角形中的最大边，所以它们所对的角 $\angle AOB, \angle BOC, \angle COD, \angle DOE, \angle EOF, \angle FOA$ 是其所在三角形中的最大角，于是 $\angle AOB>60°$，$\angle BOC>60°$，$\angle COD>60°$，$\angle DOE>60°$，$\angle EOF>60°$，$\angle FOA>60°$，因此 $\angle AOB+\angle BOC+\angle COD+\angle DOE+\angle EOF+\angle FOA>360°$，这与 $\angle AOB+\angle BOC+\angle COD+\angle DOE+\angle EOF+\angle FOA=$周角$=360°$ 矛盾.

所以城市 O "降落的飞机至多有 5 架". 事实上，降落 5 架飞机是可以达到的. 比如 5 个城市恰为一个围绕城市 O 的五边形的 5 个顶点（如图 1.12 所示），相邻两个城市对 O 的张角都是 72° 且 $OA_3<OA_4<OA_5<OA_2<OA_1$，5 个城市的飞机都要降落于城市 O.

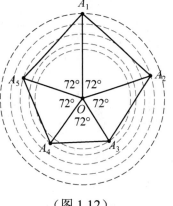

（图 1.12）

这就是数学的魅力，通过与结论相反的假设得出矛盾的结果，从而使问题得到证明.

例 12 太阳系有彼此距离不等的若干个行星，每个行星上都有一个天文学家观测离自己所在的行星最近的一颗行星，如果行星为奇数个. 证明：总存在不被观测的行星.

这是笔者在 1978 年 5 月 4 日为北京西城区学生进行数学讲座时讲过的一道题目. 由于题目背景新颖，会场中鸦雀无声，大家都在思索证明的思路. 过了许久，大家不知从何下手. 这时笔者在黑板上画了一个图，退回到最简的情况，这下大家恍然大悟，全明白了，会场顿时响起了热烈的掌声.

因为行星的个数为奇数，设为 $n=2m-1$，对 m 进行归纳：

当 $m=1$，即 $n=1$ 时，命题显然成立.

当 $m=2$，即 $n=3$ 时，设三颗行星为 A_1, A_2, A_3，有 $A_1A_2 < A_2A_3 < A_3A_1$，如图 1.13 所示，A_3 是不被观测的行星.

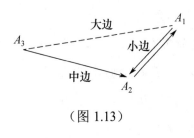

（图 1.13）

设命题对 m 成立，即 $n=2m-1$ 时命题成立. 我们证明当 $m+1$ 时，即 $n=2m+1$ 时命题也成立，为此考虑 $2m+1$ 颗行星. 由于行星的距离两两不等，所以必然存在着距离最小的两颗行星. 不妨设为 A, B. 我们从 $2m+1$ 颗行星系统中将 A, B 去掉，剩下 $2m-1$ 颗距离两两不等的行星.

由归纳假设，这 $2m-1$ 颗行星中至少有一颗未被观测的行星. 不妨设此星为 C 星. 我们把 A, B 加入系统后，因 $AC > AB$，$BC > AB$，所以 A, B 上的天文学家不会观测 C 星，即 C 星是在 $n=2m+1$ 的情况下不被观测的行星.

例 13 有 51 个城市分布在边长为 1000 千米的正方形区域内，拟在该区域内铺设 11000 千米的公路网，可否将所有的城市都通过公路网连接起来？

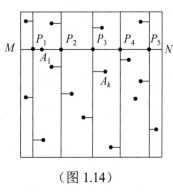

（图 1.14）

解本题实际上是要求我们设计（构想）一种符合题设条件的铺设公路网的方案. 先过该区域内的一个城市（不妨设为 A_1）铺设一条长为 1000 千米的东西干线 MN. 然后在这条干线 MN 上取 P_1, P_2, P_3, P_4, P_5 五个点. 使 $MP_1=P_5N=100$ 千米，$P_1P_2=P_2P_3=P_3P_4=P_4P_5=200$ 千米，过 P_1, P_2, P_3, P_4, P_5 修五条与 MN 垂直的长为 1000 千米的南北干线（如图 1.14 所示）.

其余 50 个城市都沿最短的路线分别铺设公路与这五条南北干线中的一条相连，这些补充的小支路都是东西方向的且每条长不会超过 100 千米，而且这样的小支路不会超过 50 条. 因此，所有这些公路总长度不会超过 $1000 \times 6 + 100 \times 50 = 11000$（千米），这个公路网就可以将正方形区域中的 51 个城市连接起来. 因此，符合问题条件的公路网是存在的.

本题是一道开放性的设计问题，解答并不唯一. 在满足连通 51 个城市且公路总长不超过 11000 千米的条件下，可以发挥想象，具有充足的创造空间，使解题者的建构能力大有用武之地.

1.5 数学的深入探索，其乐无穷

例 14 一个工厂区地图如图 1.15 所示，粗线是大公路，七个工厂 A_1, A_2, A_3, A_4, A_5, A_6, A_7 分布在公路两侧，由一些小公路与大公路相连.

（1）现要在大公路上设一长途汽车站，车站到各工厂（沿小公路走）的距离总和越小越好. 这个车站设在什么地方最好？

（2）如果在 P 处又建一个工厂，并且沿着图上的虚线修了一条小公路，那么这时车站设在什么地方最好？

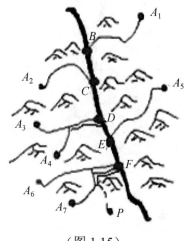

（图 1.15）

这是 1978 年北京市的数学竞赛题，标准答案的解法比较规范、抽象，看不到思维的过程. 这里我们采用归纳思维描述解题过程.

解：（1）小公路是工厂到车站的必行之路. 从各工厂沿小公路到路口路程总和是定值，所以只要研究车站设于何处，各路口到它的距离总和最小就可以了.

两个路口 X_1, X_2 的情况如图 1.16 所示，显然车站设在 X_1X_2 上任一点 O（包括端点），从车站到路口的路程总和 $X_1O+OX_2=X_1X_2$ 为定值. 若车站设在 X_1X_2 延

（图 1.16）

长线上的 C_1 点，则有 $C_1X_1+C_1X_2 >X_1X_2$. 可见，两个路口时车站设于两路口或其间任意一点均可.

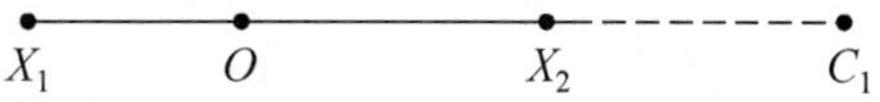

三个路口 X_1, X_2, X_3 的情形如图 1.17 所示，X_1, X_2 是两个路口，依两个路口讨论的结论，车站设在 X_1, X_2 上任一点均可，X_2, X_3 也是两个路口，车站可设在 X_2X_3

（图 1.17）

上任一点，显然共同点为 X_2，即设在 X_2 最好.

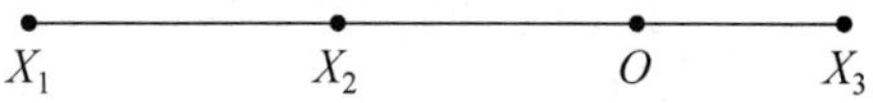

$$OX_1+OX_2+OX_3=X_1X_2+OX_2+X_2X_3=（X_1X_2+X_2X_3）+OX_2=X_1X_3+OX_2,$$

其中 X_1X_3 为定值，当 $OX_2= 0$ 时最好，即车站设于 X_2 最好.

依次继续下去，可以发现一个规律：

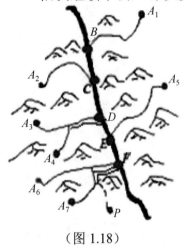

（图 1.18）

若路口为偶数 $2n$ 个，$X_1, X_2, X_3, \cdots, X_{2n}$，则在 $X_n X_{n+1}$ 上任一点设车站均可.

若路口为奇数 $2n+1$ 个，$X_1, X_2, X_3, \cdots, X_{2n+1}$，这时车站设在 X_{n+1} 路口最好.

这样我们找到了规律，解法也就一目了然了，我们用数学归纳法证明上述规律的正确性（证明略）. 七个工厂时通向大公路看成七个路口，可见，车站设在第四个路口 D 处最好（如图 1.18 所示）.

（2）加一个工厂 P，变成八个工厂，看成八个路口，车站设在第四个路口 D、第五个路口 E 或 DE 之间均可.

通过以上的探索和分析，这道问题已经普及成为小学生可接受的喜闻乐见的问题了.

例 15 某旅行家从地球上的一点出发，向南走了 200 千米，接着向东走了 200 千米，最后又向北走了 200 千米，此时这个旅行家恰好回到了最初出发的地点. 问这个旅行家最初的出发点在哪里？出发点是唯一的吗？

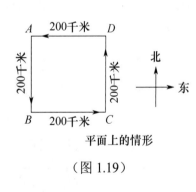

平面上的情形

（图 1.19）

首先设想地球为理想的球面. 在平面上，从出发点 A 向南走 200 千米到 B，再由 B 向东走 200 千米到 C，再由 C 向北走 200 千米到 D，此时并不会回到出发点 A，只有从 D 再向西走 200 千米，才能回到出发点 A（如图 1.19 所示），走的是一个边长为 200 千米的正方形. 在平面上按题设要求走三个 200 千米是回不到出发点的.

注意，地球是个球体，人的行走是在球的表面上的运动. 因此当出发点在北极时，可以实现题设的要求. 如图 1.20 所示.

某旅行家最初的出发点在北极无疑是正确的. 但是难道就只有这一个答案吗？

南极、北极是对立的两极，在南极附近会有类似的现象吗？显然，照葫芦画瓢是不成的. 因为要先向南走再向东走，最后向北走回到出发点. 比如从 A 点向南走 200 千米到 B 点，B 点向东走 200 千米到 C 点，一般来说，从 C 点向北走 200 千米并不能回到 A 点，只有 C 点与 B 点重合时才能向北走 200 千米回到 A 点. 而 C 点与 B 点重合，要求过 B 点的纬线长恰好为 200 千米. 于是，另外

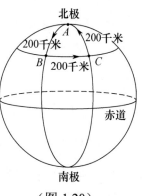

（图 1.20）

的一种解答就应运而生了：先在南极附近找到一圈长度为 200 千米的纬线 m，在这条纬线 m 的北方，找到距纬线 m 为 200 千米的另一条纬线 l，则纬线 l 上每一点都可作为旅行家的出发点（如图 1.21 所示）. 这样一来，我们就找到了无穷多个解.

还有别的解吗？仔细一想，在向东走 200 千米的一圈上还可以做点文章. 比如，我们在南极附近找到一圈长度为 100 千米的纬线 m_1，在这条纬线 m_1 的北方，找到距纬线 m_1 为 200 千米的另一条纬线 l_1，则纬线 l_1 上每一点都可作为旅行家的出发点. 因为从纬线 l_1 上每一点向南走 200 千米到纬线 m_1 上的一点

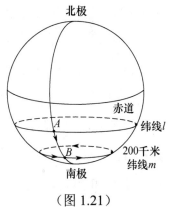

（图 1.21）

P，从 P 向东走两圈 100 千米（200 千米）后又恰回到点 P，再向北走 200 千米自然就会回到出发点. 这样一来，我们又找到了无穷多个解. 按照这个思路，聪明的你自然还会找到其他解.

有一道小学智力竞赛问题：现有一个 $19°$ 的模板（如右图所示），请你设计一种办法，只用这个模板和铅笔在纸上画出 $1°$ 的角来.

这个问题不少学生都会抓住 $19° \times 19 = 361°$ 比 $360°$ 多 $1°$ 的特点，机智地给出解答.

作为学生，会做了一般就完事大吉，很少有人能够深入地反思，因此放过了研究探索的契机. 其实，动脑筋探索可以发现本质，扩大战果，体会到"要多动手，多动脑筋，凡事问个为什么（华罗庚

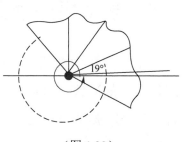

（图 1.22）

语)"是学会探索研究的好方法.

例 16 （1）现有一个 17° 的模板和铅笔，你能否在纸上画出一个 1° 的角来？

（2）用一个 21° 的模板和铅笔，你能否在纸上画出一个 1° 的角来？

对（1）（2）两问，如果能，请你简述画法步骤，如果不能，请你说明理由.

通过思索、讨论，学生可以小结，具有怎样整数度数的模板可以画出 1° 的角，哪些整数度数的模板不能画出 1° 的角.关键在于模板角度的整数倍与 180° 的整数倍相差 1°.

于是问题的一般形式是：请你设计一个 "$\alpha°$ 角模板"（$\alpha°$ 取 15° ~60° 范围的整度数），用这个模板可以画出 1° 的角来.

用数学语言表述为：是否存在整数 x, y，使得 $\alpha x - 180y = 1$.

这些整数 x, y 如何去找，当然可以实验，比如对 17° 的模板可以凑得 $17 \times 53 - 180 \times 5 = 1$；但对 21° 的模板就找不到这样的整数.

怎么办？就得寻求求不定方程 $ax + by = c$ 整数解的方法，特别是研究不定方程 $ax + by = c$ 存在整数解（a，b 为正整数，c 为整数）的充分必要条件.

于是可得到定理：不定方程 $ax + by = c$ 存在整数解（a，b 为正整数，c 为整数）的充分必要条件是 $d \mid c$，其中 $d = (a, b)$.

例 16 是一个适合于开展研究性学习的非常好的问题.解决的过程包含着一个从具体问题到数学抽象定理，进行层层深入学习的过程.在这样的过程中，可以初步学会从数学角度去认识世界，解决实际问题，掌握数学的思维方法，获得做研究、做数学的美妙感受.

1.6 学数学必须刻苦，否则免谈

在中国数学会成立 60 周年会上，有人请教数学大师陈省身学数学的诀窍，大师的回答很干脆："首先是刻苦！不刻苦，一切都免谈."著名的数学科普作家 G. 伽莫夫在《从一到无穷大》一书中写的 "荒岛寻宝问题" 就隐喻了这层道理.

例 17　从前，有个喜欢冒险的年轻人，在他曾祖父的遗物中发现了一张羊皮纸，上面指出了一个宝藏埋藏地．纸上是这样写的：

"乘船至北纬××，西经××，即可找到一座岛．岛的北岸有一大片草地，草地上有一棵橡树、一棵松树，以及一座绞架，绞架是我们过去用来吊死叛变者的．从绞架走到橡树，并记住走了多少步，到了橡树向右拐个直角再走这么多步，在这里打个桩，然后回到绞架那里，再朝松树走去，同时记住所走的步数，到了松树向左拐个直角再走这么多步，在这里也打个桩．在两个桩的正中间挖掘，就可以找到宝藏．"

根据指示，这位年轻人租了一条船驶向目的地．幸运的是，他找到了这座岛，也找到了橡树和松树，但令他大失所望的是，绞架不见了．经过长时间的风吹雨淋，绞架已糟烂成土，一点痕迹也没有了，这位年轻的冒险家只能乱挖起来，但是，小岛太大了，一切只是白费力气．最终年轻人只好两手空空，启帆返程……

其实，只要学会了三角形全等、梯形中位线定理的基本知识，再略加思考，就可以找到宝藏的埋藏位置．

如图 1.23 所示，E 为 CD 中点，$CM\perp AB$ 于 M，$DN\perp AB$ 于 N，$EP\perp AB$ 于 P．可知，$\triangle AMC\cong\triangle XQA$，$\triangle BND\cong\triangle XQB$，所以 $MA=XQ=NB$．

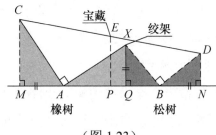

（图 1.23）

又因为 $CM/\!/DN/\!/EP$，$CE=DE$，则有 $MP=NP$，又 $MA=XQ=NB$，所以 $AP=BP$，即 P 是 AB 的中点．由梯形中位线定理得，

$$EP=\frac{CM+DN}{2}=\frac{AQ+BQ}{2}=\frac{AB}{2}，$$

所以 E 点可以按下面的方法确定：取橡树和松树之间的线段 AB 的中点 P，过 P 作 AB 的垂线，在垂线上取点 E，使得 $EP=\dfrac{AB}{2}$，则点 E 就是宝藏的位置．

细心的同学应当想到，无论绞架在哪个位置，只要橡树和松树存在，宝藏的位置点 E 就是一个不动点．很遗憾，这个富于冒险精神的年轻人连最起码的几何知识都没有．但愿不是因为盲目地听信欧氏几何陈旧没用的传言，荒废了对特别能培养逻辑思维的几何课的学习造成的吧！除了冒险精神，年轻人还要

有科学的、理性思维的头脑，不然就是"玩命"地蛮干.

例 18 孙悟空自信地说自己的跟斗可以翻到任何地方. 如来听了对它说："悟空，你从我站的佛台出发，第一步翻 1 千米，第二步翻 2 千米，第 3 步翻 4 千米，第 4 步翻 8 千米，以后每一步都是前一步翻的千米数的 2 倍，最后请你返回佛台，我等着你."请问：按这样的翻跟斗规则，孙悟空能回到佛台吗？

解： 假设按题设的翻跟斗规则，孙悟空 n 步后能返回佛台 F 处，则孙悟空 $n-1$ 步翻的总路程是 $1+2+2^2+2^3+2^4+\cdots+2^{n-2}$.

到某个地点 P，然后第 n 步就要一步翻 2^{n-1} 千米由 P 直到 F（如图 1.23 所示）.

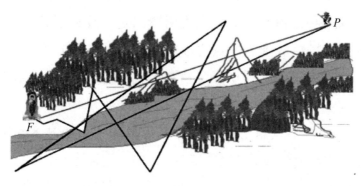

（图 1.24）

这能办得到吗？我们注意到，$1+2+2^2+2^3+2^4+\cdots+2^{n-2}=(2+2+2^2+2^3+2^4+\cdots+2^{n-2})-1=2^{n-1}-1$，小于 2^{n-1}，与两点之间的线段最短的基本性质相矛盾.

所以，按题设的翻跟斗规则，孙悟空是不能回到佛台的.

"我们欣赏数学，我们需要数学"（陈省身语）希望大家沿着崎岖的小路努力攀登，掌握数学这把打开科学大门的钥匙！为实现中华民族的伟大复兴而奋斗！

华数之星筑平台，数学好玩育英才.

莘莘学子勤奋进，人人都有好未来！

第 2 讲　初识图形面积与计算①

大家从三年级开始学习平面几何知识，已经学习了点、直线、射线、线段、平行线、锐角、直角和钝角的概念；掌握了平角、周角、优角、对顶角、互补的角、互余的角、邻补角的知识；还学习了基本的直线图形，主要有正方形、长方形、三角形、平行四边形、梯形、特殊的多边形、一般的四边形、正六边形，等等. 本章我们重点学习基本平面图形的面积.

2.1　面积的基础知识与基本公式

本节学习平面图形的面积. 首先要规定一个计量面积的标准. 世界各国文化中对面积的测量有着不同的度量标准，为了互相使用时交流方便，大家议定长度单位用"公制"：以 1m 为长度单位，因此规定边长为 1m 的正方形的面积为面积单位，叫作 1 平方米，记为 $1m^2$.

对平面图形的面积，直观上要承认如下两个性质：（1）两个图形完全重合，则这两个图形的面积相等；（2）把一个图形分成有限个小部分，则整个图形的面积等于所有这些小部分的面积之和.

这两个性质是图形割补的理论基础. 我们通常使用分、合、拼、补的手段实现图形割补，直观推导出长方形、三角形、平行四边形和梯形的面积公式.

1. 正方形和长方形的面积

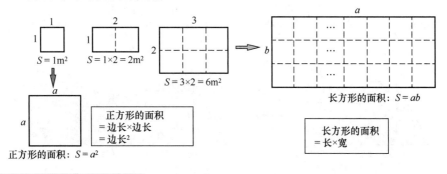

---

① 本文为 2020 年 8 月 17 日在学而思夏令营录播时的《2020 新三年级数学讲座》文稿

2．三角形的面积

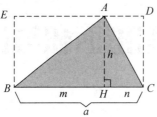

特别地

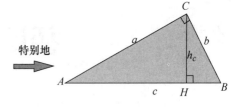

三角形的面积：$S = S_{\triangle ABH} + S_{\triangle ACH} = \dfrac{1}{2}mh + \dfrac{1}{2}nh$

$= \dfrac{1}{2}(m+n)h = \dfrac{1}{2}ah$

> 三角形的面积 ＝（底×高）÷2

直角三角形的面积：$S = \dfrac{1}{2}ch_c = \dfrac{1}{2}ab$

> 直角三角形两条直角边的乘积＝斜边与斜边上高的乘积

3．平行四边形的面积

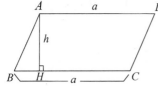

分

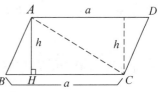

$$S_{\square ABCD} = S_{\triangle ABC} + S_{\triangle ACD} = \dfrac{1}{2}ah + \dfrac{1}{2}ah = ah$$

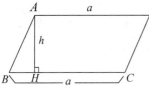

割补

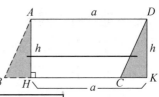

> 平行四边形的面积 ＝ 底×高

4．梯形的面积

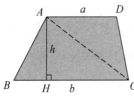

分　割

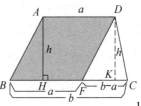

$S_{梯形ABCD} = S_{\triangle ABC} + S_{\triangle CAD} = \dfrac{1}{2}bh + \dfrac{1}{2}ah$

$= \dfrac{1}{2}(a+b)h$

$S_{梯形ABCD} = S_{\square ABFD} + S_{\triangle DFC} = ah + \dfrac{1}{2}(b-a)h$

$= \dfrac{1}{2}(a+b)h$

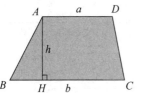

添补

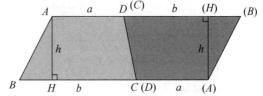

$$2S_{梯形ABCD} = (a+b)h \Rightarrow S_{梯形ABCD} = \dfrac{1}{2}(a+b)h$$

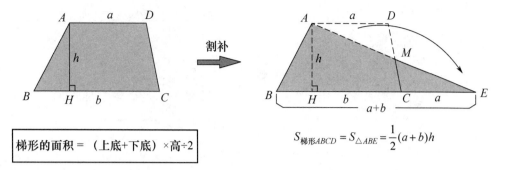

梯形的面积 = （上底+下底）×高÷2

$$S_{梯形ABCD} = S_{\triangle ABE} = \frac{1}{2}(a+b)h$$

5．公式的简单记忆方法：基本直线形面积=（上底+下底）×高÷2

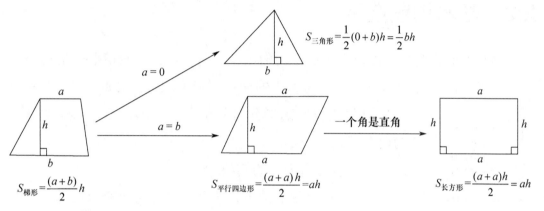

$$S_{三角形} = \frac{1}{2}(0+b)h = \frac{1}{2}bh$$

$$S_{梯形} = \frac{(a+b)}{2}h$$

$$S_{平行四边形} = \frac{(a+a)h}{2} = ah$$

$$S_{长方形} = \frac{(a+a)h}{2} = ah$$

6．几种特殊图形的面积计算

（1）已知等腰直角三角形的斜边长为 a，求其面积.

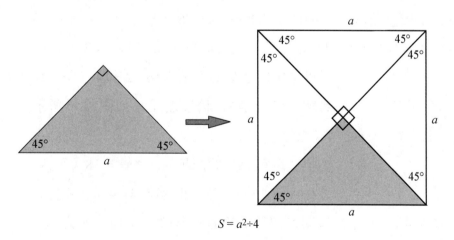

$$S = a^2 \div 4$$

（2）两对角线分别为 a 和 b 且互相垂直的四边形的面积.

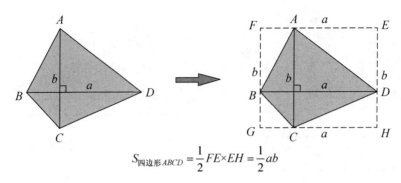

$$S_{\text{四边形}ABCD}=\frac{1}{2}FE\times EH=\frac{1}{2}ab$$

2.2 基本例题选析

由基本面积公式可以得出一些好用的结论，对我们计算面积很有帮助.

一般地，复合图形可以分解为基本的简单图形去求解. 比如，多边形往往连接对角线将原图形分为若干个三角形，三角形引高线分为两个直角三角形.

我们看几道简单的例题.

例 1 一个边长为 6 厘米的正方形与一个斜边长为 8 厘米的等腰直角三角形，如图 2.1 所示放置. 求图中阴影四边形的面积.

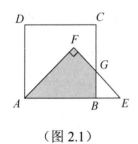

（图 2.1）

解：等腰直角 $\triangle AEF$ 的面积为 $8\times 8\div 4=16$（平方厘米），而 $\triangle GBE$ 是腰长为 $8-6=2$（厘米）的等腰直角三角形，其面积为 $(2\times 2)\div 2=2$（平方厘米）.

所以阴影四边形的面积为 $16-2=14$（平方厘米）.

另解：延长 AF，恰过点 C（如图 2.2 所示），可求得 $CG=4$（厘米）.

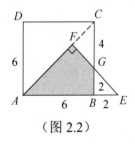

（图 2.2）

等腰直角 $\triangle ABC$ 的面积为 $(6\times 6)\div 2=18$（平方厘米）.

等腰直角 $\triangle GFC$ 的面积为 $(4\times 4)\div 4=4$（平方厘米）.

所以阴影四边形的面积为 $18-4=14$（平方厘米）.

例 2 边长是 10 厘米的正方形纸片，中间挖去了一个正方形的洞，成为一个宽度是 1 厘米的方框. 如图 2.3 所示，将 5 个这样的方框放在桌面上. 求桌面被这些方框盖住部分的面积.

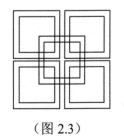

（图 2.3）

解：容易计算每个方框的面积为 $10^2-8^2=36$（平方厘米），5 个方框的面积为 $36×5=180$（平方厘米）．其中有 8 个 1 平方厘米的小正方形是重叠的，应该减去所对应的面积．

所以桌面被这些方框盖住部分的面积是 $180-8=172$（平方厘米）．

例3　同样大小的 22 张长方形小纸片摆成了如图 2.4 所示的中间有 3 个阴影小正方形的大长方形．已知长方形小纸片的宽是 12 厘米，求阴影小正方形的总面积.

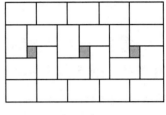

（图 2.4）

解：从图可知，长方形小纸片的 5 个长=它的 3 个长+3 个宽，所以长方形小纸片的 2 个长=3 个宽=$3×12=36$（厘米），因此长方形小纸片的长=18（厘米）．

所以大长方形的长=$18×5=90$（厘米），宽=$12×3+18=54$（厘米）．

因此大长方形的面积=$90×54=4860$（平方厘米）．

其中，22 张长方形小纸片的面积=$22×(12×18)=22×216=4752$（平方厘米）．

因此，中间空出的阴影部分的总面积=$4860-4752=108$（平方厘米）．

另解：4 个长方形小纸片如图 2.5 所示放置，形成边长为 $12+18=30$（厘米）的正方形，中间空出一个边长为 $18-12=6$（厘米）的阴影小正方形，所以 1 个阴影小正方形的面积=$6×6=36$（平方厘米）．

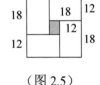

因此，中间空出的阴影部分的总面积=$3×36=108$（平方厘米）．

（图 2.5）

例4　长方形 ABCD 的周长是 16 米，在它的每条边上各画一个以该边为边长的正方形（如图 2.6 所示）．已知这四个正方形的面积之和是 68 平方米，求长方形 ABCD 的面积.（第 4 届华杯赛复赛试题 6）

解：将图 2.6 右上部分补成正方形 GBEK（如图 2.7 所示）．由正方形 GBEK 的组成得 $2S_{长方形\,ABCD}+S_{正方形\,GADH}+S_{正方形\,CDFE}=S_{正方形\,GBEK}$，即 $2S_{长方形\,ABCD}+ 68÷2=(16÷2)^2=64$，所以 $S_{长方形\,ABCD}=15$（平方米）．

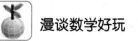

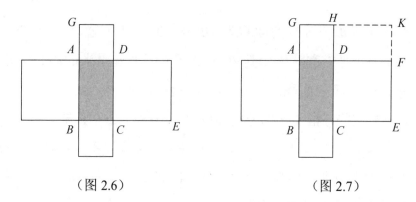

（图 2.6）　　　　　　　　　（图 2.7）

例 5　一块正方形木板沿一边锯掉一个 8 厘米宽的长方条，沿相邻的一边再锯掉一个 5 厘米宽的长方条，剩余的部分如图 2.8 所示是一个长方形，比原来正方形的面积减少了 415 平方厘米．求原正方形的面积．

解：原正方形的边长为(415+5×8)÷(5+8)=455÷13=35（厘米）．

原正方形的面积为 $35^2=1225$（平方厘米）．

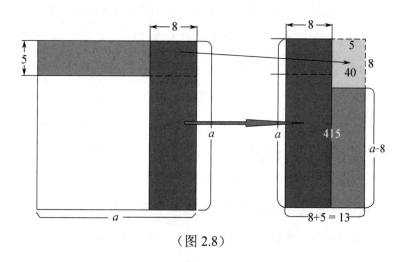

（图 2.8）

例 6　如图 2.9 所示，长方形 $ABCD$ 的宽 $BC=3$cm．长方形 $EFGH$ 的长 $GH=2$cm，其中点 E、F 在 DC 上．$\triangle ACG$ 的面积是 12cm^2，求 $\triangle ACH$ 的面积．

解：由 $S_{\triangle ACH}+S_{\triangle CHG}=S_{\triangle ACG}+S_{\triangle AHG}$（如图 2.10 所示），

得　$S_{\triangle ACH}-S_{\triangle ACG}=S_{\triangle AHG}-S_{\triangle CHG}$,

$=HG\times(BC+EH)\div2-HG\times EH\div2$

$=HG\times BC\div2=2\times3\div2=3$（cm^2）．

所以 $S_{\triangle ACH}=S_{\triangle ACG}+3=12+3=15$（cm^2）．

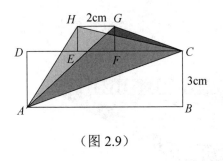

（图 2.9）

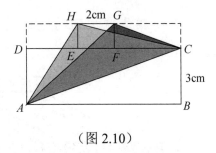

（图 2.10）

2.3　分类例题选析

1．分、合、拼、补巧数面积

常用的分解图形示例如下：

  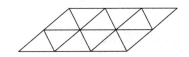

例 7　如图 2.11 所示的每个小长方形的面积都是 1.求图中阴影部分的面积.

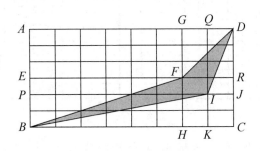

（图 2.11）

解：直接数阴影部分占多少小长方形来求面积不好进行，可以换一种思考方式. 从整个长方形 $ABCD$ 的面积 48 中减去不是阴影部分的面积即为所求.

从图中观察数小长方形的个数可得：长方形 $AEFG$ 的面积=18；长方形 $IKCJ$ 的面积=2；△EBF 的面积=长方形 $EBHF$ 的面积的一半=9；△BKI 的面积=长方形 $PBKI$ 的面积的一半=7；△DIJ 的面积=长方形 $QIJD$ 的面积的一半=2；△GFD 的面积=长方形 $GFRD$ 的面积的一半=3.

所以阴影部分的面积=48－(18+2+9+7+2+3)＝7.

例 8　如图 2.12 所示，房间里有一只老鼠，门外有一只小猫，立在北墙根第 2 块地板砖的右上角点. 整个地面由 80 块大小相同的 1m² 的正方形地板砖

铺成，那么小猫能监控到的范围总面积是多少？（小猫和老鼠分别看作两个点，墙的厚度忽略不计）

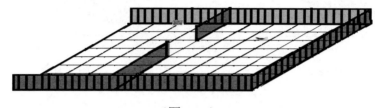

（图2.12）

解：正方形地板砖的面积为 $1m^2$，则这个房间面积为 $80m^2$. 如图 2.13 所示，阴影部分区域为老鼠在地面上能避开小猫视线的活动范围. 这个范围的总面积为

$$S = \frac{(2+8) \times 6}{2} + \frac{2 \times 4}{2} = 34 \ (\text{m}^2).$$

所以小猫能监控到的面积为 $80 - 34 = 46$（m^2）.

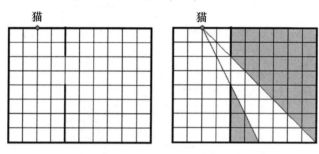

（图2.13）

例9 如图 2.14 所示，地板由 4 个同样大小的正六边形拼成. 每个正六边形地板砖的面积是 6，求图中△ABC 的面积.

解：本题中每个正六边形地板砖的面积是 6，则可将每个正六边形分为 6 个面积为 1 的正三角形，如图 2.15 所示，只要数一数△ABC 中包含多少个单

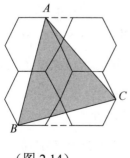

（图2.14）

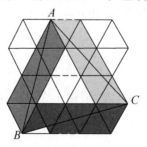

（图2.15）

位正三角形，其面积就可确定了. △ABC 中含有 4 个整个单位正三角形（中间白色），其余 3 个部分在 3 个面积为 6 的平行四边形中，每个平行四边形的对角线都为△ABC 的边长，其余 3 个部分的面积都是所在平行四边形面积的一半，即 3.

综上，△ABC 的面积= 4 + 3 + 3 + 3 = 13.

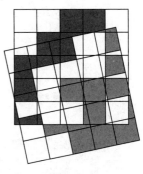

例 10　大小相同的两张 5×5 的正方形方格纸片部分重叠放置，如图 2.16 所示. 底层板的深色阴影部分的面积为 512cm²，上层板的浅色阴影部分的面积为 740cm². 求每张 5×5 的正方形方格纸片的面积.

解：底层 5×5 的正方形方格纸片中深色阴影部分的面积为 512cm²，上层斜放的正方形方格纸片中浅色阴影部分的面积为 740cm². 两者重叠部分颜色格之间还有白色部分.

（图 2.16）

数一数，可知

深色阴影部分的面积+共有白色部分的面积=15 个小方格的面积.

浅色阴影部分的面积+共有白色部分的面积=18 个小方格的面积.

两式相减，得

浅色阴影部分的面积–深色阴影部分的面积= 3 个小方格的面积.

即 3 个小方格的面积=740−512=228（平方厘米）.

因此，1 个小方格的面积=76（平方厘米）.

所以，每张 5×5 的正方形方格纸片的面积=76×25=1900（平方厘米）.

2．三角形的中线平分三角形的面积

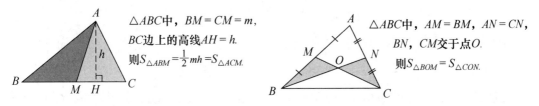

△ABC中，$BM = CM = m$，BC边上的高线$AH = h$. 则$S_{\triangle ABM}=\frac{1}{2}mh=S_{\triangle ACM}$.

△ABC中，$AM = BM$，$AN = CN$，BN，CM交于点O. 则$S_{\triangle BOM}=S_{\triangle CON}$.

例 11　四边形 $ABCD$ 中，M 是边 CD 的中点，N 是边 AB 的中点（如图 2.17 所示）. 已知四边形 $BMDN$ 的面积=25，求四边形 $ABCD$ 的面积.

解：连接 BD（如图 2.18 所示），则△DAB 的面积=2×△DBN 的面积，△DBC 的面积=2×△DBM 的面积，则四边形 $ABCD$ 的面积=2×（△DBN 的面积+

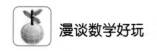

△DBM 的面积)=2×四边形 BMDN 的面积=2×25=50.

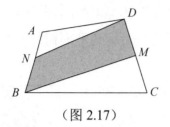

（图 2.17）

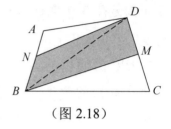

（图 2.18）

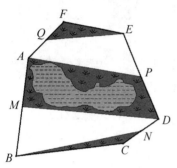

（图 2.19）

例 12 如图 2.19 所示，某个公园 ABCDEF，M 为 AB 的中点，N 为 CD 的中点，P 为 DE 的中点，Q 为 FA 的中点，其中游览区 APEQ 与 BNDM 的面积和是 900 平方米，中间的湖水的面积为 361 平方米，其余的部分是草地，那么草地的总面积是多少平方米？

解： 连接 AD, DB 和 AE（如图 2.20 所示）. 根据三角形的中线平分三角形的面积，可知

△EQA 的面积=△EQF 的面积；

△AEP 的面积=△ADP 的面积；

△DBM 的面积=△DAM 的面积；

△BND 的面积=△BNC 的面积.

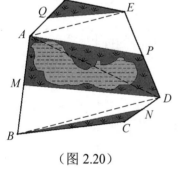

（图 2.20）

将上述四个等式相加，可得

游览区 APEQ 的面积+游览区 BNDM 的面积=△EQF 的面积+△BNC 的面积+四边形 APDM 的面积.

因此，草地与湖水的面积之和恰为 900 平方米，其中湖水的面积为 361 平方米，所以草地的面积是 900−361=539（平方米）.

例 13 凸四边形 ABCD 的两组对边中点连线 EF, GH 相交于点 O（如图 2.21 所示）. 已知两块灰色四边形的总面积是 314. 求四边形 ABCD 的面积.

解： 连接 OD, OA, OB, OC（如图 2.22 所示）. 将四边形 ABCD 分成 8 个小三角形，由三角形中线平分三角形的面积，

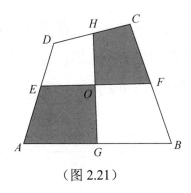

（图 2.21）

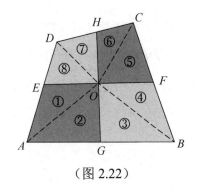

（图 2.22）

可得　　　　　　$S_①=S_⑧, S_②=S_③, S_④=S_⑤, S_⑥=S_⑦.$

所以　　　　　　$S_③+S_④+S_⑦+S_⑧=S_①+S_②+S_⑤+S_⑥=314.$

因此，四边形 $ABCD$ 的面积 $=S_③+S_④+S_⑦+S_⑧+S_①+S_②+S_⑤+S_⑥=2×314=628.$

3. 利用等积变形定理求面积

三角形等积变形定理：等底等高的两个三角形的面积相等.

三角形的底边在直线 a 上，第三个顶点在与 a 平行的直线 a' 上. 无论底边在 a 上如何平移变位和第三个顶点在 a' 上如何变动，新三角形与原三角形总是等积的. 同时，当底边相同时，马上得出图（甲）阴影部分的两个三角形等积.

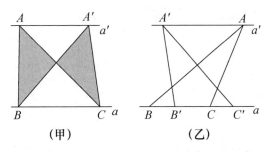

（甲）　　　　　　　　　（乙）

因此，梯形中，以腰为一边，第三个顶点为梯形对角线交点的两个三角形的面积相等.

反之，若共底的两个三角形的面积相等，第三个顶点落在底边的同侧，则连接第三个顶点的直线与底边所在的直线平行，如图（乙）所示.

例 14　在平行四边形 $ABCD$ 的边 AB 和 AD 上分别取点 E 和 F，使得线段 EF 平行于对角线 BD. M 是 DC 边的中点（如图 2.23 所示）. 若 $\triangle MDF$ 的面积等于 5 平方厘米，则 $\triangle CEB$ 的面积等于____平方厘米.

解：连接 FC, BF, DE（如图 2.24 所示）．因为△MDF 的面积等于 5 平方厘米，所以△CDF 的面积等于 10 平方厘米．根据等积变形定理，得

△BCE 的面积=△BDE 的面积=△BDF 的面积=△CDF 的面积=10（平方厘米）．

所以，△CEB 的面积等于 10 平方厘米．

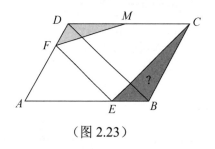 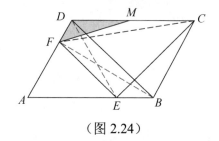

（图 2.23）　　　　　　　　　　　　（图 2.24）

例 15　锐角△ABC 中，BD 是 AC 边上的高线，MG 是 AC 边的中垂线，其中 M 是 AC 边的中点，G 在边 AB 上（如图 2.25 所示）．如果 △ABC 的面积等于 2020，求四边形 $BGDC$ 的 面积．

解：如图 2.26 所示，连接 BM．因为 GM∥BD，所以△BGD 的面积=△BMD 的面积．

所以四边形 $BGDC$ 的面积=△BGD 的面积+△BDC 的面积=△BMD 的面积+△BDC 的面积=△BMC 的面积=△ABC 的面积÷2=2020÷2=1010．

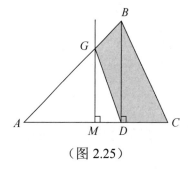 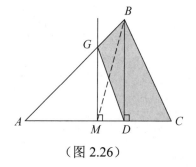

（图 2.25）　　　　　　　　　　　　（图 2.26）

例 16　在凸四边形 $ABCD$ 中，G 是对角线 BD 的中点．过点 G 作 AC 的平行线交 CD 于点 H（GH∥AC）（如图 2.27 所示）．如果△ADH 的面积等于 135，求四边形 $ABCD$ 的面积．

解：如图 2.28 所示，连接 AG, CG．由于 G 是 BD 中点，AG, CG 分别是△ABD 和△CBD 的中线，所以

　　△AGD 的面积=△ABD 的面积÷2；

$\triangle CGD$ 的面积=$\triangle CBD$ 的面积÷2.

所以，四边形 $AGCD$ 的面积=四边形 $ABCD$ 的面积÷2.

因为 $GH//AC$，所以△CGH 的面积=△AGH 的面积.

因此，四边形 $AGCD$ 的面积=四边形 $AGHD$ 的面积+△CGH 的面积=四边形 $AGHD$ 的面积+△AGH 的面积=△ADH 的面积=135.

所以，四边形 $ABCD$ 的面积=2×△ADH 的面积=2×135=270.

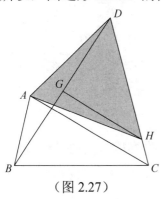
（图 2.27）

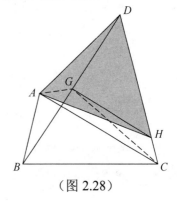
（图 2.28）

4. 有趣的长方形面积思维链

例 17　一个长方形（如图 2.29 所示），被两条直线分成四个长方形，其中三个的面积分别是 20 亩、26 亩和 30 亩，另一个（图中标示?的部分）长方形的面积是多少亩？

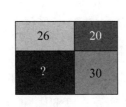

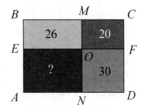

（图 2.29）

解：设图中标示?的部分的长方形的面积是 x，则

$$\frac{长方形BEOM的面积}{长方形EANO的面积}=\frac{EO\times MO}{EO\times NO}=\frac{MO}{NO}=\frac{MO\times FO}{NO\times FO}=\frac{长方形CFOM的面积}{长方形FDNO的面积}.$$

即 $\dfrac{26}{x}=\dfrac{20}{30}\Rightarrow 20x=30\times 26\Rightarrow x=39$（亩）.

例 18　如图 2.30 所示，图形内的数字分别表示所在的矩形或三角形的面积，那么阴影三角形的面积为_____.

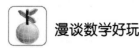

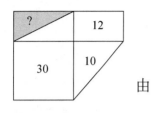

（图 2.30）

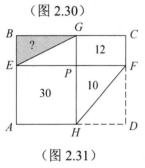

（图 2.31）

由

得

解：如图 2.31 所示，延长 AH 和 CF 交成长方形 $ABCD$. 则长方形 $PHDF$ 的面积=20.

$$\frac{长方形BEPG的面积}{长方形GPFC的面积}=\frac{长方形EAHP的面积}{长方形PHDF的面积},$$

$$\frac{长方形BEPG的面积}{12}=\frac{30}{20}.$$

所以长方形 $BEPG$ 的面积 $=\dfrac{30\times 12}{20}=18.$

因此，阴影三角形的面积 $=18\div 2=9.$

例 19 如图 2.32 所示，一个大长方形被分成十个小长方形，其中六个小长方形的面积如图 2.32 所示，求大长方形的面积.

（图 2.32）

解：这实际是上例的推广. 先由 25，20，16，求出乙的面积=20，再求出甲的面积=45，丙的面积=24，丁的面积=15.

因此，大长方形的总面积是

45+25+20+30+15+36+20+16+24+12=243.

例 20 如图 2.33 所示，大长方形中有 5 个小长方形的面积已标出. 问：左上角小长方形的面积是多少？

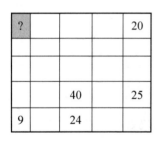

（图 2.33）

解：四个小长方形构成的田字形区域，已知其中 3 个小长方形的面积，第 4 个小长方形的面积可以用比例求得. 如例 16，一个长方形被两条直线分成四个长方形，其中三个的面积如图 2.34 所示，求阴影长方形的面积.

由图 2.34 中的数据，可得 $\dfrac{26}{?}=\dfrac{20}{30}$，即 $?=\dfrac{26\times 30}{20}=39.$

按这种方法，将面积为 40，24 的两个小长方形向右平移一列得图 2.35，可求得右下角的小长方形的面积为 15. 将图 2.33 中的四个角上的 4 个小长方形平移在一起组成田字格，如图 2.36 所示，有 $\dfrac{?}{9}=\dfrac{20}{15}$，可求得 $?=\dfrac{9\times 20}{15}=12$，所以图 2.37 左上角小长方

（图 2.34）

形的面积是 12.

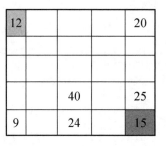

（图 2.35）　　　（图 2.36）　　　　　（图 2.37）

说明： 本题将比例求积与图形平移结合起来，是例 16 的推广.

例 21　将红、黄、蓝三张大小相同的正方形纸片放在一个大正方形盘内，它们部分重叠，如图 2.38 所示. 已知显露的部分中黄色部分的面积是 200 平方厘米，红色部分的面积是 140 平方厘米，蓝色部分的面积是 100 平方厘米. 那么大正方形盘的面积是多少平方厘米？

解： 将红色正方形平移使左边与大正方形盘的左边重合. 这时，大正方形被分成了四个部分（如图 2.39 所示），红色部分减少的面积等于蓝色部分增加的面积. 此时，红色部分与蓝色部分的面积总和不变，仍是 140+100=240（平方厘米）. 容易看出，此时红、蓝两个长方形的面积相等，因此红、蓝两个长方形的面积都是 120 平方厘米. 这时的图形变成了正方形被"十字"分为四部分的基本图形，设空白部分的面积为 x，则有　$S_{红}:x=S_{黄}:S_{蓝}$，　即 $120:x=200:120$，解得 $x=72$（平方厘米）.

因此大正方形盘的面积=200+120+120+72=512（平方厘米）.

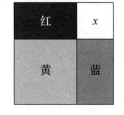

（图 2.38）　　　　　　　　（图 2.39）

5. 面积综合题

例 22　如图 2.40 所示，小正方形 $EFGH$ 在大正方形 $ABCD$ 的内部，阴影部分的总面积为 124 平方厘米，点 E, H 在边 AD 上，点 O 为线段 CF 的中点. 求四边形 $BOGF$ 的面积，并简述理由.（第四届华罗庚少年数学精英邀请赛笔试小中

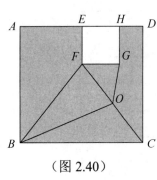

（图 2.40）

二试试题 4）

解：连接 CG，延长 FG，分别交 AB 于点 K，交 CD 于点 N（如图 2.41 所示）．设小正方形边长为 a，大正方形边长为 b．则图中阴影部分的总面积为 $124 = b^2 - a^2 = a(AE + HD) + b(b - a) = a(b - a) + b(b - a) = (a + b)(b - a)$．

梯形 $BCGF$ 的面积 $= \frac{1}{2}(a + b)(b - a) = \frac{1}{2} \times 124 = 62$（平方厘米）．

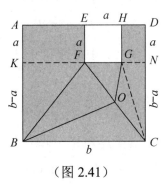

（图 2.41）

且梯形 $BCGF$ 的面积 = △BCF 的面积 + △CGF 的面积

= 2×△BOF 的面积 + 2×△OGF 的面积

= 2×(△BOF 的面积 + △OGF 的面积)

= 2×四边形 $BOGF$ 的面积

所以四边形 $BOGF$ 的面积 $= \frac{1}{2} \times$ 梯形 $BCGF$ 的面积 $= \frac{1}{2} \times 62 = 31$（平方厘米）．

例 23　图 2.42 中的两张四边形纸片的面积之差等于 16 平方厘米，将它们部分重叠放在桌面上，覆盖桌面的面积为 128 平方厘米．重叠部分为四边形 $ABCD$，点 M 是 DC 的中点，点 N 是 BC 的中点，四边形 $ANCM$ 的面积为 24 平方厘米（如图 2.43 所示）．问：图 2.42 中的两张四边形纸片的面积各是多少平方厘米？（第五届华罗庚少年数学精英邀请赛笔试小中二试试题 5）

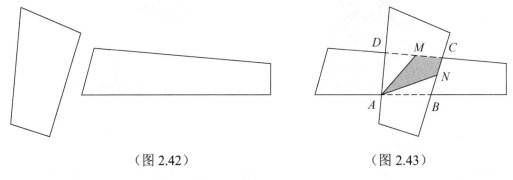

（图 2.42）　　　　　　　（图 2.43）

解：连接 AC（如图 2.44 所示），则

△ADC 的面积 $= 2 \times$ △AMC 的面积；

$\triangle ABC$ 的面积 $= 2\times\triangle ANC$ 的面积.

四边形 $ABCD$ 的面积$=\triangle ADC$ 的面积$+ \triangle ABC$ 的面积 $=2\times\triangle AMC$ 的面积 $+2\times\triangle ANC$ 的面积 $=2\times(\triangle AMC$ 的面积$+\triangle ANC$ 的面积$)=2\times$四边形 $ANCM$ 的面积$= 2\times24=48$（平方厘米）.

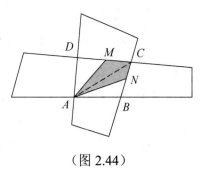

（图 2.44）

由于两个四边形纸片覆盖的面积为 128 平方厘米，所以两个四边形纸片的面积和为 128+48=176（平方厘米）.

已知两个四边形纸片面积之差=16 平方厘米，所以其中一个四边形纸片的面积为 $(176+16)\div2 = 96$（平方厘米）.

另一个四边形纸片的面积为 $(176-16)\div2 = 80$（平方厘米）.

例 24 如图 2.45 所示，D 是 $\triangle ABC$ 中 AC 边上的中点，$\triangle ABC$ 内放有两个长方形，一个的顶点在 B，另一个的顶点在 D，并且两个长方形有一个公共顶点 E. 已知两块阴影的面积分别为 100cm^2 和 120cm^2，求 $\triangle BDE$ 的面积.

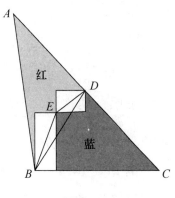

（图 2.45）

解：BE 和 DE 分别平分两个小长方形. 所以

红色阴影面积+两个小长方形面积的一半$=\triangle ABD$ 的面积$-\triangle BDE$ 的面积$=\triangle ABC$ 面积的一半$-\triangle BDE$ 的面积. ①

又因为蓝色阴影面积+两个小长方形面积的一半$=\triangle CBD$ 的面积$+\triangle BDE$ 的面积$=\triangle ABC$ 面积的一半$+\triangle BDE$ 的面积. ②

由②-①得，蓝色阴影面积-红色阴影面积$=2\times\triangle BDE$ 的面积.

所以 $2\times\triangle BDE$ 的面积=蓝色阴影面积-红色阴影面积$=120-100=20$（cm^2）.

故$\triangle BDE$ 的面积为 10cm^2.

2.4 通过面积的分、合、割、补学证明

前面在对直角三角形求面积时，我们得到了一个有用的关系式：直角三角

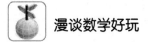

形两条直角边的乘积等于斜边与斜边上高的乘积.

其证明方法为两次计算直角三角形的面积. 这对我们解题很有启发, 不妨试一试.

例25 证明: 等腰三角形两腰上的高线相等.

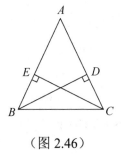
（图2.46）

已知: △ABC 中, AB=AC, BD、CE 分别是 AC、AB 边上的高线（如图2.46所示）.

求证: BD=CE.

证明: 两次计算△ABC的面积, 可得

$\frac{1}{2}AB \times CE = \frac{1}{2}AC \times BD.$ 因为 AB=AC, 立得 BD=CE.

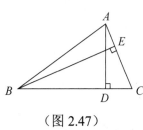
（图2.47）

例26 证明: 三角形中长边上的高线小于短边上的高线.

已知: △ABC 中, BC >AC, AD、BE 分别是 BC、AC边上的高线（如 图2.47所示）.

求证: AD < BE.

证明: 两次计算△ABC 的面积, 可得 $\frac{1}{2}BC \times AD = \frac{1}{2}AC \times BE$, 因为 BC >AC, 立得 AD < BE.

例27 证明: 正三角形内任一点到三边的距离之和等于正三角形的高.

已知: AB =BC =CA =a, O 为三角形内任一点, 且 OM =m, ON =n, OP =t, AH =h.

求证: OM +ON +OP = h.

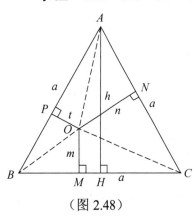
（图2.48）

证明: 连接 OA, OB, OC（如图2.48所示）, 将正三角形分为三个小三角形, 由三个小三角形的面积之和 =正三角形的面积, 得

$\frac{1}{2}am + \frac{1}{2}an + \frac{1}{2}at = \frac{1}{2}ah.$

所以 m+n+t=h, 即 OM +ON +OP = h.

思考: 请你证明, 等腰三角形底边上一点到两腰的距离之和等于定值（等腰三角形一个

腰上的高）.

例 28　利用面积证明勾股定理.

准备两个大小一样的直角三角形，两条直角边分别为 a，b，斜边为 c. 如图 2.49 所示，两条斜边互相垂直放置.

证明：四边形 AA_1BB_1 的面积 $= \dfrac{1}{2} AB \cdot A_1 B_1 = \dfrac{1}{2} c^2$.　　　　①

由 B 点和 B_1 点分别作平行于 EF 和 ED 的直线，分别交边 A_1C_1 于 R，交边 AC 于 P，且两直线相交于 Q 点（如图 2.50 所示）.

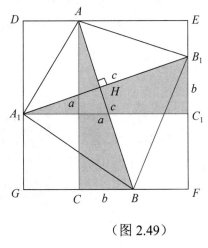
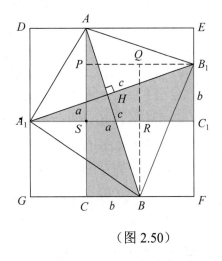

（图 2.49）　　　　　　　　　（图 2.50）

另外，四边形 AA_1BB_1 的面积

$$= \text{正方形} DEFG \text{的面积} - S_{\triangle ADA_1} - S_{\triangle A_1GB} - S_{\triangle B_1BF} - S_{\triangle AB_1E}$$

$$= a^2 - \frac{1}{2} S_{\text{长方形}ADA_1S} - \frac{1}{2} S_{\text{长方形}A_1GBR} - \frac{1}{2} S_{\text{长方形}BFB_1Q} - \frac{1}{2} S_{\text{长方形}APB_1E}$$

$$= a^2 - \frac{1}{2} (S_{\text{长方形}ADA_1S} + S_{\text{长方形}A_1GBR} + S_{\text{长方形}BFB_1Q} + S_{\text{长方形}APB_1E})$$

$$= a^2 - \frac{1}{2}(a^2 - b^2) = \frac{1}{2}a^2 + \frac{1}{2}b^2.　　　②$$

由式②、式①得　$\dfrac{1}{2}a^2 + \dfrac{1}{2}b^2 = \dfrac{1}{2}c^2$，所以　$a^2 + b^2 = c^2$.

勾股定理揭示了直角三角形三边之间的度量关系. 其内容是: 如图 3.1 所示, $\triangle ABC$ 中, $\angle C = 90^\circ$, $CB = a$, $AC = b$, $AB = c$, 则有 $a^2 + b^2 = c^2$.

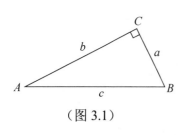

（图 3.1）

国外称勾股定理为毕达哥拉斯定理, 但毕达哥拉斯的证明已经失传. 勾股定理的证明记载于欧几里得 (公元前 3 世纪) 的《几何原本》第一卷命题 47: "直角三角形斜边上的正方形面积等于两直角边上的正方形面积之和."

勾股定理是欧氏几何的重要定理之一, 天文学家开普勒称勾股定理是几何定理中的"黄金", 有的数学家形象地称勾股定理是欧氏几何的"拱心石". 勾股定理及其证明的内涵十分丰富, 深入研究体会对大家来说大有益处.

欧几里得

3.1 定理巧证明 文化映彩虹

1.《几何原本》中对勾股定理的证明采用的是等积变形与面积割补的方法.

如图 3.2 所示, 连接 BJ, FC. 过 C 作 $CD \perp FE$ 于 D, 交 AB 于 K.

则 $CD // AF // BE$, 易证 $\triangle AJB \cong \triangle ACF$.

又 因 为 $S_{\triangle ACF} = \dfrac{1}{2} S_{长方形 AKDF}$, $S_{\triangle AJB} = \dfrac{1}{2} S_{正方形 ACIJ}$. 所 以 $S_{ACIJ} = S_{长方形 AKDF}$.

$$(*)$$

同理可证 $S_{正方形 BCHG} = S_{长方形 BKDE}$.

故 $S_{正方形 ABEF} = S_{长方形 AKDF} + S_{长方形 BKDE} = S_{正方形 ACIJ} + S_{正方形 BCHG}$.

即可证得勾股定理成立.

我们注意式 (*), 其实就是

---

① 本文是 2020 年 8 月 17 日为学而思夏令营录播的《2020 新三年级数学讲座》文稿

$$AC^2 = AK \times AF = AK \times AB.$$

用一句话简述：直角三角形中，一条直角边的平方等于这条直角边在斜边上的射影与斜边的乘积.

这正是大家学完相似后证明的"射影定理"！不知你读过上述勾股定理的证明后，发现这个"小秘密"了吗？原来勾股定理与射影定理是等价的.

2. 大家知道，中华民族是擅长数学的民族. 我国也是最早发现勾股定理的国家之一. 三国时期的数学家赵爽利用"弦图"证明了勾股定理. 图 3.3 就是中国古算书中的"弦图". 其证明过程为"案弦图又可以勾股相乘为朱实二，倍之为朱实四，以勾股之差自相乘为中黄实，加差实亦成弦实."其意思如下.

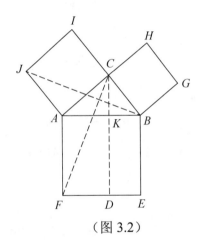

（图 3.2）

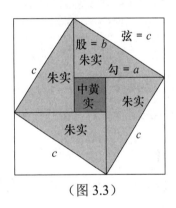

（图 3.3）

设直角三角形的勾为 a，股为 b，弦为 c，ab 为两个朱实直角三角形的面积，$2ab$ 为四个朱实直角三角形的面积.中黄实的面积为 $(a-b)^2$，大正方形的面积为 c^2. 所以

$$c^2 = 2ab + (a-b)^2 = 2ab + a^2 - 2ab + b^2 = a^2 + b^2.$$

从而巧妙地证明了勾股定理.

该证明过程中的附带产品是弦图恒等式：$a>0, b>0$, 则 $(a+b)^2 = 4ab + (a-b)^2$.

3. 勾股定理的证法有很多，其中文艺复兴时期的达·芬奇的证法也是很有特色的.

如图 3.4 所示，在直角 $\triangle ABC$ 的三边上分别向外作正方形 $ABDE$, $AGFC$, $BCMN$.

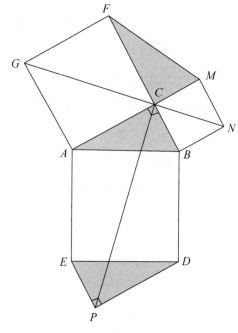

(图 3.4)

达·芬奇（1452—1519）

求证：$S_{正方形AGFC} + S_{正方形BCMN} = S_{正方形ABDE}$.

证明：连接 FM，作直角 $\triangle DEP$ 与直角 $\triangle ABC$ 全等（$AC=DP$，$BC=EP$，$\angle DPE = \angle ACB = 90°$）. 连接 NG，PC. 则 NG 是六边形 $AGFMNB$ 的对称轴，所以 $S_{四边形AGNB} = \dfrac{1}{2} S_{六边形AGFMNB}$.

又六边形 $ACBDPE$ 是中心对称图形，所以 $S_{四边形ACPE} = \dfrac{1}{2} S_{六边形ACBDPE}$.

因为以 A 为旋转中心，四边形 $AGNB$ 顺时针旋转90° 后与四边形 $ACPE$ 重合.

所以 $\qquad\qquad\qquad\qquad S_{四边形AGNB} = S_{四边形ACPE}$.

因此 $\qquad\qquad\qquad\qquad S_{六边形AGFMNB} = S_{六边形ACBDPE}$.

即

$$S_{正方形AGFC} + S_{正方形BCMN} + S_{Rt\triangle ABC} + S_{Rt\triangle FMC} = S_{正方形ABDE} + S_{Rt\triangle ABC} + S_{Rt\triangle DEP}.$$

注意到 $S_{Rt\triangle FMC} = S_{Rt\triangle ABC} = S_{Rt\triangle DEP}$，从上式两端消去两对面积相等的直角三角形得到 $S_{正方形AGFC} + S_{正方形BCMN} = S_{正方形ABDE}$. 因此得证 $AC^2 + BC^2 = AB^2$.

4. 1876 年，美国第 20 任总统加菲尔德（1831—1881）也曾经给出了勾股定理的一个证明. 如图 3.5 所示，他用两个全等的直角三角形和一个等腰直角三角形拼成一个直角梯形，利用此图形证明了勾股定理.

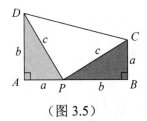

（图 3.5）

证明： 因为 $S_{梯形ABCD} = \dfrac{1}{2}(a+b)^2 = \dfrac{1}{2}(a^2 + 2ab + b^2)$.

又 $S_{梯形ABCD} = \dfrac{1}{2}ab + \dfrac{1}{2}ba + \dfrac{1}{2}c^2 = \dfrac{1}{2}(2ab + c^2)$.

比较两式得 $a^2 + 2ab + b^2 = 2ab + c^2$，

所以 $a^2 + b^2 = c^2$.

5. 著名数学史家 H·伊夫斯在他所著的《数学史概论》一书中推荐了一种"动态的证明"（如图 3.6 所示），该证明可以使我们领会变化、运动中的事物也有恒定不变的因素. 其特点是从弦上的正方形连续地作等积变换，直到分为勾、股上的两个正方形. 该证明也可使我们对命题中的相等（面积）概念理解更加深刻.

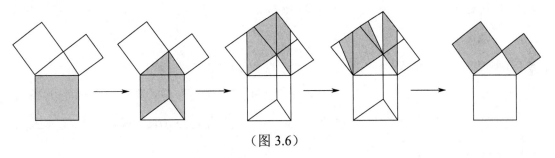

（图 3.6）

勾股定理的逆定理也是成立的，非常有用.

定理 如果三角形两边的平方和等于第三边的平方，那么前两边的夹角一定是直角.

已知： 在 $\triangle ABC$ 中，$BC^2 + AC^2 = AB^2$.

求证： $\angle BCA = 90°$.

证明： 如图 3.7 所示，作一个直角三角形 $A'B'C'$，使 $\angle B'C'A' = 90°$，$B'C' = BC$，$A'C' = AC$.

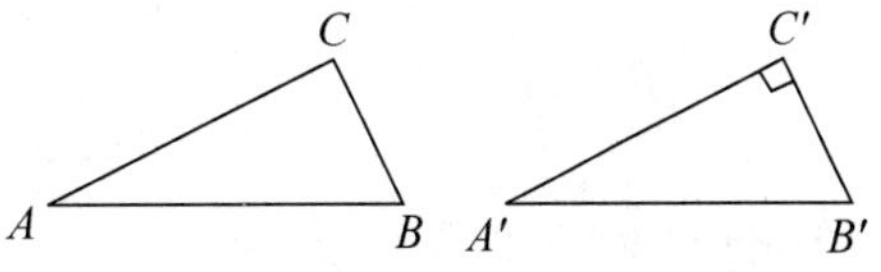

（图 3.7）

根据勾股定理，有 $B'C'^2 + A'C'^2 = A'B'^2$. 与已知等式 $BC^2 + AC^2 = AB^2$ 比

较可知，有 $A'B' = AB$，所以△$ABC \cong \triangle A'B'C'$.

因此有∠$BCA = \angle B'C'A' = 90°$.

3.2 美哉勾股弦 妙寓数和形

对勾股定理的学习与应用是极好的锻炼思维的体操，也是考察我们的思维品质、创新能力的一项基本内容.

人类历史上出现过许多以勾股定理为背景的有趣的、精巧的、耐人思考的、令人陶醉的问题. 通过解决这些具有挑战性的问题，你一定会获得成就感，并会在兴奋惊喜的过程中体验数学之美！

下面是一些有代表性的、适合大家练习的问题.

1. 勾股定理与日常生活

例 1　科技小组自制的机器人在操场的演示过程为：机器人从始点 A 向南走 1.2 米，再向东走 1 米，接着又向南走 1.8 米，再向东走 2 米，最后又向南走 1 米到达 B 点. 则 B 点与始点 A 的距离是（　　）米.（第 13 届华杯赛初赛小学试题）

（A）4.8　　（B）5　　（C）5.6　　（D）6.4

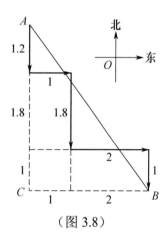

（图 3.8）

解：从图 3.8 可见，B 点与始点 A 的距离是两条直角边分为 3 米、4 米的直角△ABC 的斜边长度，因此 $AB = 5$（米），选（B）.

评注：本题既有方向定位、线段平移，还有勾股形的辨认，是一道综合考察题目。

例 2　一个直圆柱形状的玻璃杯如图 3.9 所示，一个长为 12 厘米的直棒状细吸管（不考虑吸管粗细）放在玻璃杯内. 当吸管一端接触圆柱下底面时，另一端沿吸管最少可露出 2 厘米，最多能露出 4 厘米. 则这个玻璃杯的容积为多少立方厘米？（π取3.14）

解：如图 3.9 所示，一个长为 12 厘米的直棒状细吸管放在玻璃杯内，另一端沿吸管最多能露出 4 厘米，表明直圆柱的高 CB =12-4 = 8（厘米）；另一端沿吸管最少可露出 2 厘米，表明直圆柱的轴截面矩形的对角线长为 AC = 12–2 =10（厘米）. 由直角三角形中"勾 6 股 8 弦 10"的常识，可知圆柱底面圆的直径是 6 厘米，半径为 3 厘米. 因此，这个玻璃杯的容积为 $3.14×3^2×8 = 226.08$（立方厘米）.

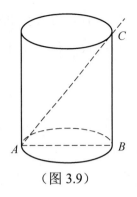
（图 3.9）

评注：这是生活中的问题，将勾股定理与圆柱体积结合，很有教益.

例 3　如图 3.10 所示，某风景区的沿湖公路 AB=3 千米，BC=4 千米，CD=12 千米，AD=13 千米，其中 $AB⊥BC$，图中阴影部分是草地，其余部分是水面. 那么乘游艇由点 C 出发，行进速度为每小时 $11\frac{7}{13}$ 千米，到达对岸 AD 最少要用多少小时？

解：如图 3.11 所示，连接 AC，由勾股定理容易求得 AC=5 千米. 又因为 $5^2+12^2=13^2$，所以 $\triangle ACD$ 是直角三角形，$\angle ACD = 90°$. 要乘游艇由点 C 出发，行进速度为每小时 $11\frac{7}{13}$ 千米，到达对

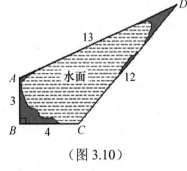
（图 3.10）

岸 AD 所用时间最少，游艇行进路线必须最短，即行进路程为点 C 到 AD 的距离，也就是直角 $\triangle ACD$ 中斜边 AD 上的高线 CH，这个高线 $CH=\dfrac{AC×CD}{AD}=$

$\dfrac{5×12}{13}=\dfrac{60}{13}$（千米）.

所以游艇行进的最少时间为 $\dfrac{60}{13}÷11\frac{7}{13}=$

$\dfrac{60}{13}×\dfrac{13}{150}=\dfrac{2}{5}=0.4$（小时）.

评注：这是行程问题与几何最短线、勾股定理及其逆定理巧妙的结合！

例 4　一段笔直的铁路线一侧有 C、D 两厂，C 厂到铁路线的距离 CA=2km，D 厂到铁路线的距离 DB=3km. 又 AB=12km. 现要在铁路线上设一站台 P，使得 C、D 两厂到

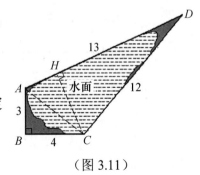
（图 3.11）

P 站的距离之和最小［如图 3.12（a）所示］. 问：C、D 两厂到 P 站的距离之和的最小值是多少千米？

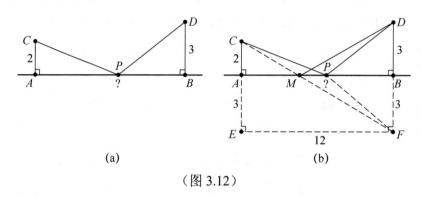

（a）　　　　　　　　（b）

（图 3.12）

解：如图 3.12（b）所示，$CA=2, DB=3, AB=12$.

设点 P 为 AB 上任一点，连接 PC、PD，作点 D 关于 AB 的对称点 F，$BF=3$. 过点 F 作 AB 的平行线交直线 CA 于点 E. 连接 PF，则 $PF=PD$.

连接 CF 交 AB 于点 M. 此时 C, F 为两定点，CF 为点 C、F 间的最短距离.

根据三角形不等式，$PC + PD = PC + PF \geqslant CF$，所以当 P 与 M 重合时 $PC + PD$ 取得最小值 CF. P 站应设在 CF 与 AB 的交点 M 处.

易知 $CE=2+3=5$，$EF=AB=12$. 在 $Rt\triangle ECF$ 中，根据勾股定理，$CF = \sqrt{CE^2 + EF^2} = \sqrt{5^2 + 12^2} = 13$（km）.

所以 C、D 两厂到 P 站的距离之和的最小值是 13km.

评注：本题为代数问题"$x>0, y>0$，且 $x+y=12$，求 $\sqrt{x^2+4} + \sqrt{y^2+9}$ 的最小值"提供了几何解法. 图 3.13 体现了数与形之间的联系.

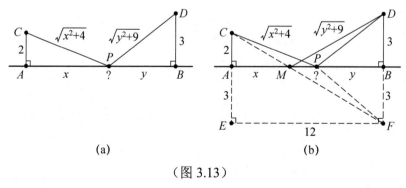

（a）　　　　　　　　（b）

（图 3.13）

2. 勾股定理与历史名题

例 5 华罗庚说："数学是我国人民所擅长的学科."请小朋友求解《九章

算术》中的一个古代问题："今有木长二丈，围之三尺，葛生其下，缠木七周，上与木齐．问：葛长几何？"

白话译文：如图 3.14 所示，有一圆柱形木棍直立于地面，高 20 尺，圆柱底面周长为 3 尺．葛藤生于圆柱底部 A 点，等距缠绕圆柱七周恰好长到圆柱上底面的 B 点．则葛藤的长度是_____尺．

解： 设想将葛藤从 A 处剪断，顶处 B 不动，将葛藤解开缠绕拉直，则 A 点变为地面上的 C 点，如图 3.15 所示．则葛藤长度为 Rt△BAC 的斜边 BC 的长度．由 AB=20，AC=21，根据勾股定理得：$BC^2 = 20^2 + 21^2 = 400 + 441$

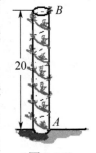

（图 3.14）

$$= 841 = 30^2 - 60 + 1$$
$$= 30^2 - 2 \times 30 + 1 = (30 - 1)^2 = 29^2$$

所以 BC =29（尺），即葛藤的长度是 29 尺．

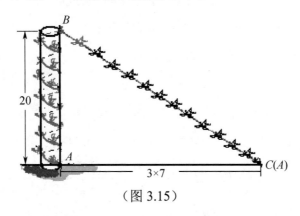

（图 3.15）

评注： 古人将勾股定理应用于等距螺线，具有丰富的想象力．

例 6　（印度莲花问题）波平如镜的湖面中，在高出湖面半尺的地方长着一朵红莲，它孤零零地直立在那里，突然被狂风吹倒在一边，有一位渔人亲眼看见，它现在距生长的地点有两尺远．请你来解决一个问题，湖水深度为多少尺？

解： 图 3.16 中 DA 是直立的红莲，经狂风一吹，红莲 DA 变到 DB，红莲 A 恰在水面 B 处，因此 DA=DB．又知 BC=2 尺，问题是求此处水深 CD.

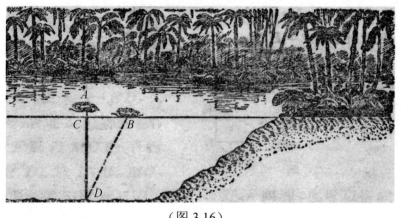

（图 3.16）

设 $CD=x$，已知 $AC=0.5$，则 $AD=x+0.5=BD$，红莲由 DA 转到 DB，A 到 B 扫过的是圆弧，因此 $\angle BCD=90°$．在 Rt$\triangle BCD$ 中，由勾股定理有 $(x+0.5)^2=x^2+2^2$，解得 $x=3.75$，即湖水深度为 3.75 尺．

例 7 如图 3.17 所示，在以 AB 为直径的半圆上取一点 C，分别以 AC 和 BC 为直径在 $\triangle ABC$ 外作半圆 AmC 和 BnC．当 C 点在什么位置时，图中两个弯月形（阴影部分）AmC 和 BnC 的面积之和最大？（第九届华杯赛总决赛小学组二试试题）

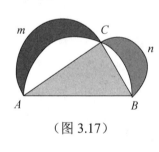

（图 3.17）

解：弯月形 AmC 的面积 + 弯月形 BnC 的面积=半圆 AmC 的面积 + 半圆 BnC 的面积 + $\triangle ABC$ 的面积–半圆 ABC 的面积 $=\dfrac{1}{2}\pi\left(\dfrac{AC}{2}\right)^2+\dfrac{1}{2}\pi\left(\dfrac{BC}{2}\right)^2+\triangle ABC$ 的面积 $-\dfrac{1}{2}\pi\left(\dfrac{AB}{2}\right)^2=\dfrac{\pi}{8}\left(AC^2+BC^2-AB^2\right)+\triangle ABC$ 的面积．

在 Rt$\triangle ACB$ 中，由勾股定理得 $AC^2+BC^2=AB^2$，即 $AC^2+BC^2-AB^2=0$．所以，弯月形 AmC 的面积 + 弯月形 BnC 的面积 = $\triangle ABC$ 的面积．

因为 $\triangle ABC$ 的底 AB 是固定的，所以当高 CD 最大时，即 C 取 AB 弧的中点时，$\triangle ABC$ 的面积最大．因此弯月形 AmC 的面积与弯月形 BnC 的面积之和最大．

评注：本题的背景是古希腊历史名题希波克拉底的"月牙定理"．

例 8 （拿破仑问题）将一个已知圆周 4 等分，要求只用圆规（不许用直尺）（如图 3.18 所示），圆和它的圆心是给出的．

分析：如图 3.19 所示，设已知圆为圆 O，O 为圆心，半径为 R. 在圆 O 上任取一点 A，以 A 为圆心，$AO=R$ 为半径连续作弧，交圆 O 于 B, C, D 三点. 则 $AD=2R$，$AC=\sqrt{3}R$（是圆内接正三角形的边）. 本题关键是找长度 $\sqrt{2}R$，如果能以 $\sqrt{3}R, R$ 分别作为一个直角三角形的斜边及一条直角边，则本题可解. 但由于圆规不能直接画出直角，所以要变通做法，作以 $2R$ 为底边，$\sqrt{3}R$ 为腰的等腰三角形，O 为底边 AD 的中点是已知的，则 EO 为等腰 $\triangle ADE$ 的底边 AD 上的高线：$EO=\sqrt{3R^2-R^2}=\sqrt{2}R$.

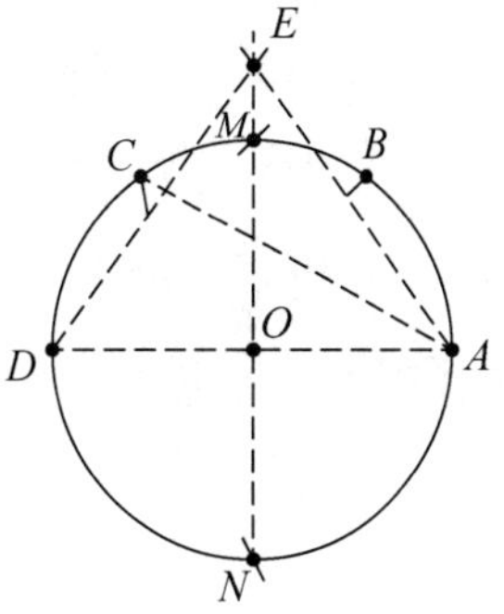

（图 3.18）

由上述分析可得如下作法：

作法：① 在圆 O 上任取一点 A，以 A 为圆心，R 为半径连续作弧，依次截圆于 B, C, D 三点.

② 分别以 A 及 D 为圆心，以 AC（$=\sqrt{3}R$）为半径作弧，两弧交于点 E.

③ 以 A 为圆心，EO 为半径作弧，交圆 O 于点 M, N. 则 A, M, D, N 恰将圆周四等分.

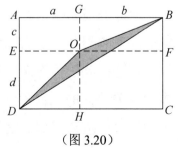

（图 3.19）

证明：略.

3. 勾股定理与图形构造

例 9　a, b, c, d 都是正数. 证明存在这样的三角形，它的三边等于 $\sqrt{b^2+c^2}$，$\sqrt{a^2+d^2}$，$\sqrt{(a+b)^2+(d+c)^2}$，并计算这个三角形的面积.

此题若直接利用"三角形不等式"来判定以这三条线段为边能否构成三角形，然后再利用海伦公式依据三边计算三角形的面积，会让人望而生畏. 但是，只要认真分析题目的条件，注意到 $\sqrt{b^2+c^2}$，$\sqrt{a^2+d^2}$，$\sqrt{(a+b)^2+(d+c)^2}$ 的结构特征，就会萌发利用勾股定理把这三条线段构造出来的想法，我们不妨试试看.

解：如图 3.20 所示，以 $a+b, c+d$ 为边作一个矩形，阴影所示的三角形的三边分别为 $\sqrt{b^2+c^2}$，

（图 3.20）

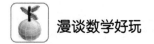

$\sqrt{a^2+d^2}$，$\sqrt{(a+b)^2+(d+c)^2}$，满足题设条件的三角形就构造出来了，即证明了存在性.

设阴影三角形的面积为 S，显然

$$S = \frac{1}{2}(a+b)(c+d) - ac - \frac{1}{2}bc - \frac{1}{2}ad$$

$$= \frac{1}{2}ac + \frac{1}{2}bc + \frac{1}{2}ad + \frac{1}{2}bd - ac - \frac{1}{2}bc - \frac{1}{2}ad$$

$$= \frac{1}{2}bd - \frac{1}{2}ac.$$

这样就把问题巧妙地解决了.

例 10　若 a,b,c 都是正数. 求证 $\sqrt{a^2+b^2} + \sqrt{b^2+c^2} > \sqrt{c^2+a^2}$.

分析：$\sqrt{a^2+b^2}$，$\sqrt{b^2+c^2}$，$\sqrt{c^2+a^2}$ 都可以用勾股定理作为直角三角形的斜边构造出来（如图 3.21 左所示）.

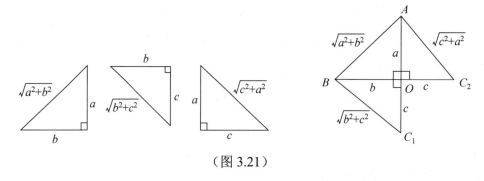

（图 3.21）

若作出的三条斜边组成三角形，则可由三角形三边不等式证得结论，如图 3.21 右所示，将左图中的三个直角三角形集中在一起，这时

$$AB = \sqrt{a^2+b^2}, \quad BC_1 = \sqrt{b^2+c^2}, \quad C_2A = \sqrt{c^2+a^2}.$$

但 AB，BC_1，C_2A 并没有形成一个三角形的三条边，怎么办？这需要使点 C_1 与点 C_2 重合，即 OC_2 与 OC_1 重合，这在平面上不能实现.

但能形成如图 3.22 所示的空间图形. 在图 3.22 中，由 $\triangle ABC$ 三边关系可得所求证的不等式 $\sqrt{a^2+b^2} + \sqrt{b^2+c^2} > \sqrt{c^2+a^2}$ 成立.

评注：此法妙趣横生！构造图形帮我们解题，重要的一点是让我们熟悉基本代数关系式的几何意义. 证明过程实质上是代数语言向图形语言的转换. 其中的巧思构造会增加解题的美感，构造图形解题是发展数学创造性思维的一个有效途径.

例 11　如图 3.23 所示，长方形 $ABCD$ 中被嵌入了 6 个相同的正方形. 已知 $AB=22$ 厘米，$BC=20$ 厘米. 那么每个正方形的面积是_____平方厘米.

解：如图 3.24 所示，可以将每个正方形依长方形的长与宽的方向构造成"弦图"，显然，所有的直角三角形都相同. 设直角三角形的直角边分别为 a 与 b.

从图可知 $\begin{cases} 3a+b=20 \\ 3a+2b=22 \end{cases}$，解得 $a=6$，$b=2$.

每个正方形的面积等于 $a^2+b^2=36+4=40$ （平方厘米）.

综上所述，每个正方形的面积都是 40 平方厘米.

评注：联想弦图，方法简洁！

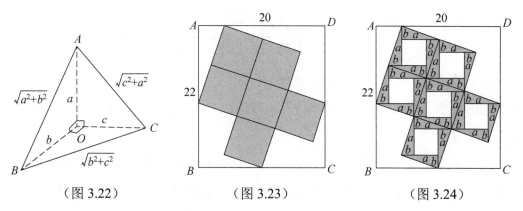

（图 3.22）　　　　（图 3.23）　　　　（图 3.24）

4．勾股定理与不定方程

若直角三角形的三边长都是正整数，那么，这样的直角三角形叫作整数勾股形.

设整数勾股形的勾、股、弦三边长为 x, y, z，则为方程 $x^2+y^2=z^2$ 的正整数解. 那么，怎样的三个正整数可以满足方程 $x^2+y^2=z^2$ 呢？

可以一个一个地试：$(3, 4, 5)$, $(5, 12, 13)$,$\cdots$，这样试显然工作量极大，有没有一般公式？

注意到证明勾股定理时的附带产品弦图恒等式：$(a+b)^2=4ab+(a-b)^2$.

其中只有 $4ab$ 不是平方形式，如果设 $a=m^2$, $b=n^2$, $4ab=(2mn)^2$. 于是有恒等式

$$(m^2+n^2)^2=(2mn)^2+(m^2-n^2)^2.$$

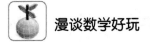

当 m,n 是正整数，且 $m>n$ 时，正是方程 $x^2+y^2=z^2$ 的勾股数组的通解！

于是方程 $x^2+y^2=z^2$ 的勾股数组的通解为：

$$\begin{cases} x = 2mn \\ y = m^2 - n^2 \\ z = m^2 + n^2 \end{cases},$$

其中 m,n 是任意两个正整数，且 $m>n$.

例如，令 $m=2$, $n=1$ 得 $x=4$, $y=3$, $z=5$；令 $m=5$, $n=1$ 得 $x=10$, $y=24$, $z=26$.

一般地，满足方程 $x^2+y^2=z^2$ 的正整数解 (x,y,z)，我们称为勾股弦三数组，简称勾股数组. 如 $(3,4,5)$, $(10,24,26)$ 等都是勾股数组.

我们容易发现，由 $\left(2ab\right)^2 + \left(a^2 - b^2\right)^2 = \left(a^2 + b^2\right)^2$ 变形可得

$$\left(\frac{2ab}{a^2+b^2}\right)^2 + \left(\frac{a^2-b^2}{a^2+b^2}\right)^2 = 1. \tag{*}$$

（1）式（*）告诉我们，存在两个有理数，它们的平方和等于 1. 只要 a, b 取不同的正整数值代入式（*）即可. 这表明 1 可以写成两个不同的有理真分数的平方和.

（2）从解析几何的观点看，式（*）表明中心在坐标原点的单位圆上存在有理点. 可以看出根据 a, b 取不同的整数值，圆上的有理点不止一个，甚至可以有无穷多个.

这些结论对我们思考问题或构造特例都是有好处的.

由求 $x^2+y^2=z^2$ 的正整数解，联想到求 $x^2+y^2+z^2=w^2$, $x_1^2+x_2^2+x_3^2+x_4^2=w^2$ 的正整数解，再到求一般的 $x_1^2+x_2^2+x_3^2+\cdots+x_k^2=w^2$ 的正整数解，换一种提法，即作为第（1）点的推广，可以提出如下的问题.

例 12 证明：1 可以写成 n 个两两不同的（有理的）真分数的平方和.

解：我们从简单的情况开始考虑：将 1 写成 2 个不同的真分数的平方和。想到勾股数组：$a^2+b^2=c^2 \Rightarrow \left(\frac{a}{c}\right)^2 + \left(\frac{b}{c}\right)^2 = 1$，容易想到 $\left(\frac{3}{5}\right)^2 + \left(\frac{4}{5}\right)^2 = 1$.

如果将 1 写成 3 个不同的真分数的平方和：可以找一组勾股数，比如 $(3,4,5)$，$3^2+4^2=25=2\times 12+1$，则

$$3^2 + 4^2 + 12^2 = 12^2 + 2 \times 12 + 1 = (12+1)^2 = 13^2.$$

所以　　　　　$$\left(\frac{3}{13}\right)^2 + \left(\frac{4}{13}\right)^2 + \left(\frac{12}{13}\right)^2 = 1.$$

如果将 1 写成 4 个不同的真分数的平方和：从勾股数(3, 4, 5)开始，可以先写成　　　　　$$3^2 + 4^2 + 12^2 = 13^2 = 169 = 2 \times 84 + 1.$$

则　　　　　$$3^2 + 4^2 + 12^2 + 84^2 = 84^2 + 2 \times 84 + 1 = (84+1)^2 = 85^2.$$

所以　　　　　$$\left(\frac{3}{85}\right)^2 + \left(\frac{4}{85}\right)^2 + \left(\frac{12}{85}\right)^2 + \left(\frac{84}{85}\right)^2 = 1.$$

进一步，可以将 1 写成 5 个不同的真分数的平方和：

因为　　　　　$$3^2 + 4^2 + 12^2 + 84^2 = 85^2 = 7225 = 2 \times 3612 + 1,$$

所以　　　　　$$3^2 + 4^2 + 12^2 + 84^2 + 3612^2 = 3612^2 + 2 \times 3612 + 1 = 3613^2.$$

因此　　　　　$$\left(\frac{3}{3613}\right)^2 + \left(\frac{4}{3613}\right)^2 + \left(\frac{12}{3613}\right)^2 + \left(\frac{84}{3613}\right)^2 + \left(\frac{3612}{3613}\right)^2 = 1.$$

……　　……　　……　　……

按这种方法继续下去，可以将 1 写成 n 个两两不同的（有理的）真分数的平方和.

例 13　如果正整数 a, b, c 满足 $a^2 + b^2 = c^2$，则称 a, b, c 为一个勾股数组.

将小于 80 的九个互异的正整数分别填入一个 3×3 的方格表中，使得表中每行的三个数、每列的三个数均成为勾股数组，试给出一种填法，并简述理由.

解：任取一组勾股数组 (a, b, c)，k 是正整数，则 $(ka)^2 + (kb)^2 = (kc)^2$，即 (ka, kb, kc) 也是一组勾股数组.

选两组勾股数组 (a, b, c) 和 (x, y, z)，如右表所示方式填写方格表.

	x	y	z
a	ax	ay	az
b	bx	by	bz
c	cx	cy	cz

则该表满足每行的三个数、每列的三个数都是勾股数组.

为了选小于 80 的九个互异的正整数，可取(5, 12, 13)和(3, 4, 5). 答案如下表所示.

	5	12	13
3	15	36	39
4	20	48	52
5	25	60	65

或

	3	4	5
5	15	20	25
12	36	48	60
13	39	52	65

勾股数组的性质，常做常新，且经常作为数学竞赛题考查大家的能力。

例 14 证明：如果正整数 a, b, c 满足关系式 $a^2 + b^2 = c^2$. 那么（ⅰ）数 a 和 b 中至少有一个能被 3 整除；（ⅱ）数 a 和 b 中至少有一个能被 4 整除；（ⅲ）数 a, b, c 中至少有一边长是 5 整除.（1955—1956 年波兰中学生数学竞赛试题）

这是勾股文化渗入中学生数学竞赛的最典型例题. 本题对勾股数组的考察是非常全面的（证法略）.

本例表明：如果直角三角形的三边长都是整数，那么，至少有一条直角边长是 3 的倍数；至少有一条直角边长是 4 的倍数；三边中至少有一边长是 5 的倍数. 因此，直角三角形的面积是 6 的倍数.

5. 勾股定理与几何变换

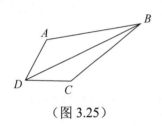

（图 3.25）

例 15 如图 3.25 所示，在四边形 $ABCD$ 中，$\angle ABC = 30°$，$\angle ADC = 60°$，$AD = DC$.

证明：$BD^2 = AB^2 + BC^2$.（1996 年北京市中学生数学竞赛初二试题）

分析： 要证 $BD^2 = AB^2 + BC^2$，想到用勾股定理. 由于 BD, AB, BC 没有在同一个三角形中，所以，应设法通过图形变化，使这三条线段集中在一个三角形中，而且，这个三角形应是直角三角形. 可以使用旋转变换.

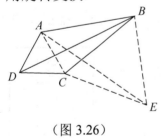

（图 3.26）

证明：如图 3.26 所示，连接 AC.

因为 $AD = DC$，$\angle ADC = 60°$，所以 $\triangle ADC$ 是正三角形，$DC = CA = AD$.

将 $\triangle DCB$ 绕 C 点顺时针旋转 $60°$ 到 $\triangle ACE$ 的位置，连接 EB.

这时，$DB = AE$，$CB = CE$，$\angle BCE = \angle ACE - \angle ACB = \angle BCD - \angle ACB = \angle ACD = 60°$，所以 $\triangle CBE$ 为正三角形，有 $BE = BC$，$\angle CBE = 60°$.

因此，$\angle ABE = \angle ABC + \angle CBE = 30° + 60° = 90°$.

在 Rt$\triangle ABE$ 中，由勾股定理可得，$AE^2 = AB^2 + BE^2$，

所以 $$BD^2 = AB^2 + BC^2.$$

例 16 凸四边形 $ABCD$ 的对角线 AC，BD 垂直相交于点 O，M 为 AB 边的中点，N 为 CD 边的中点（如图 3.27 所示），求证：$AC^2+BD^2=4MN^2$.

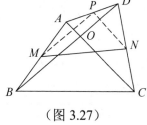

（图 3.27）

证明： 取 AD 的中点 P，连接 MP，NP. 由三角形中位线定理，可得

$$NP=\frac{1}{2}AC,\ NP/\!/AC,\ MP=\frac{1}{2}BD,\ MP/\!/BD.$$

由于 $AC\perp BD$ 于 O，有 $\angle AOD=90°$，则由 $NP/\!/AC$，$MP/\!/BD$ 可知 $\angle MPN=90°$.

在 Rt$\triangle MPN$ 中，由勾股定理可得

$$PN^2+PM^2=MN^2,$$

即

$$\left(\frac{AC}{2}\right)^2+\left(\frac{BD}{2}\right)^2=MN^2,$$

所以

$$AC^2+BD^2=4MN^2.$$

例 17 A，B，C 三个村庄在一条东西向的公路沿线上，如图 3.28 所示，$AB=2$ 千米，$BC=3$ 千米. 在 B 村的正北方有一个 D 村，测得 $\angle ADC=45°$. 今将 $\triangle ACD$ 区域规划为开发区，除其中 4 平方千米的水塘外，均作为建设或绿化用地. 试求这个开发区的建设或绿化用地的面积是多少平方千米？

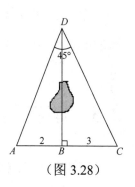

（图 3.28）

（1995 年北京市中学生数学竞赛初二复赛试题）

分析与解： 本题的基本模型是：在 $\triangle ADC$ 中，$\angle ADC=45°$. $DB\perp AC$，垂足是 AC 边上的点 B. 若 $AB=2$，$CB=3$. 求 $\triangle ADC$ 的面积.

要求 $\triangle ADC$ 的面积，只需求出 DB 即可. 直接求有困难，但看到 $\angle ADC=45°$，若分别将 $\angle ADB$，$\angle CDB$ 关于 AD，CD 作轴对称，可形成一个 $90°$ 角，不妨试一试.

作 $\mathbf{Rt}\triangle ADB\xrightarrow{S(DA)}\mathbf{Rt}\triangle ADB_1$，如图 3.29 所示，易知 $\mathbf{Rt}\triangle ADB\cong\mathbf{Rt}\triangle ADB_1$. 作 $\mathbf{Rt}\triangle CDB\xrightarrow{S(DC)}\mathbf{Rt}\triangle CDB_2$，易知 $\mathbf{Rt}\triangle CDB\cong\mathbf{Rt}\triangle CDB_2$.

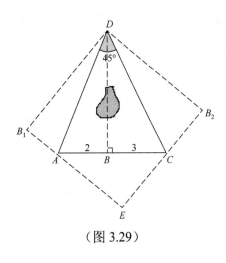

（图 3.29）

延长 B_1A，B_2C 相交于 E，则 B_1DB_2E 是正方形.

设 $BD = x$，则 $B_1D = DB_2 = B_2E = EB_1 = x$. $AB_1 = AB = 2$，$CB_2 = CB = 3$，$AC = 5$.

所以 $AE = x - 2$，$CE = x - 3$.

在 **Rt**△ AEC 中，根据勾股定理得，$AE^2 + CE^2 = AC^2$，即 $(x-2)^2 + (x-3)^2 = (2+3)^2$，整理得 $x^2 - 5x - 6 = 0$，分解因式得 $(x-6)(x+1) = 0$.

因为 $x > 0$，则有 $x+1 > 0$，所以 $x-6 = 0 \Rightarrow x = 6$. 即 $DB = 6$（千米）.

求得 $S_{\triangle ACD} = \dfrac{1}{2} \times 5 \times 6 = 15$（平方千米）.

由于已知开发区中有 4 平方千米的水塘，所以这个开发区的建筑及绿化用地的面积是 $15 - 4 = 11$（平方千米）.

3.3　趣在真善美　文脉永传承

勾股定理有着悠久的历史，是人类文明中产生最早的、最伟大的数学发现之一. 世界上各大文明古国都在很早的时候独立发现了"勾股弦的关系". 如《周髀算经》一书中在谈到"勾广三、股修四、径隅五"时指出"故禹之所以治天下者，此数所有生也"；《九章算术》一书中的勾股章曾记述有 8 组勾股数组；古印度《测绳的法规》一书中出现了 5 组勾股数组：（3，4，5），（5，12，13），（8，15，17），（7，24，25），（12，35，37）；古巴比伦人出土的泥板上记载有 15 组勾股数组，其中最大的一组是（13500，12709，18541）. 以上说明了一个朴素的道理：数学是从人的需要中产生的（恩格斯语）.

人们对勾股定理的研究、应用及推广，以及文化的交流互鉴对数学发展有着重要作用，下面仅列举几点供大家参考.

1．毕达哥拉斯是古希腊的哲学家和数学家．史传毕达哥拉斯证明了勾股定理，然后杀了 100 头牛设宴庆祝．所以有人戏称勾股定理为"百牛定理"．毕达哥拉斯学派的哲学思想是"万物皆数"，即"一切事物都按数来安排"，在他们看来，一切事物和现象都可以归结为整数与整数的比，即"数的和谐"．但是，一位毕达哥拉斯学派的弟子希帕索斯将勾股定理应用于正方形时，发现单位正方形的对角线不能用两个整数之比来表示，史称"毕达哥拉斯悖论"．这引起了第一次数学危机．这个悖论无疑动摇了毕达哥拉斯学派的哲学基础．毕达哥拉斯严密封锁消息，据说还将希帕索斯推到大海中杀害．但是真理是封锁不住的，危机的

毕达哥拉斯
（约公元前 580—公元前 500）

解决使人们认识了无理数，从而认识了实数，推动了数学的发展．

2．由勾股定理产生的三边都是整数的"整数勾股形"，本质上是方程 $x^2+y^2=z^2$ 的正整数解．这个"将一个平方数分解为两个平方数之和"的问题是古希腊数学家丢番图著的《算术》一书第 II 卷中的第八个命题．当法兰西业余数学家费尔马读到这里时，他想到了更一般的推广命题，并在页边空白处写了一段话：

费尔马
（1601—1665）

"将一个立方数分为两个立方数，一个四次幂分为两个四次幂，或者一般地将一个高于二次的幂分为两个同次的幂，这是不可能的．我确信已发现了一种奇妙的证法，可惜这里的空白太小，写不下了．"

将这段话用现代数学语言表述，为方程 $x^n+y^n=z^n$，当 $n \geqslant 3$，$n \in \mathbf{N}$ 时没有正整数解．

这就是著名的费尔马大定理．

后人看到这段话，都想补上费尔马没有写出的证明．200 年来进展甚微，以致德国数学会悬赏十万马克来征集证明也没人成功．

维尔斯（1953—）

300 多年来，费尔马大定理引得无数数学家竞折腰，这些数学家大大地推动了现代数学的进展.

直到 1995 年 5 月，美国《数学年刊》用一整期发表了数学家维尔斯对费尔马大定理的证明，宣告了这颗数学皇冠上的明珠已被人摘取. 1996 年 3 月，维尔斯荣获了沃尔夫奖.

3．勾股定理是人们共同认识的最早的几何定理之一. 天文学家开普勒把它比喻为几何定理中的"黄金". 人们用各种文化形式纪念这个事实. 比如，在我们不完全收集到的各国邮票中就有勾股定理的公式或图形.

1955 年希腊邮票　　　　1971 年尼加拉瓜邮票　　　　1984 年日本邮票

1998 年前南斯拉夫马其顿共和国邮票　　2002 年中国纪念邮票　　2014 年韩国邮票

同时，2002 年国际数学家大会在北京召开，中国数学会确定的大会会标，蕴含着勾股定理及其具有中华特色的"弦图"证明. 中国邮政为此发行了 60 分值的纪念邮票.

4．随着 20 世纪 70 年代"分形学"理论的诞生与计算机技术的发展，出现了许多动态的、美丽的分形图形. 其中，由勾股定理基本图形演变产生的"毕达哥拉斯树"也占有一席之地. 利用几何画板，同学们可以自己动手画出各种不同的"毕达哥拉斯树"，美丽且壮观.

下面的华杯赛试题就是根据分形学中的"毕达哥拉斯树"命制的.

试题：在美丽的平面珊瑚礁图案中，三角形都是直角三角形，四边形都是正方形. 如果图 3.30 中所有的正方形的面积之和是 980 平方厘米. 问：最大的正方形的边长是多少厘米？

答：最大的正方形的边长是 14 厘米.

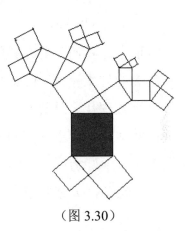

（图 3.30）

5．科学家们认为：数学是宇宙的语言. 华罗庚教授曾在 1952 年幽默地指出：有人异想天开地提出，如果其他星球上也有高度智慧的生物，我们要用什么媒介和他们沟通？很明显，文字和语言都不是有效的工具. 既使图画也可能失去作用，因为那儿的生物形象也许和我们不同，我们的"人形"，也许是他们那的"怪状". 同时习俗也可能不同，我们的举手礼可能是他们的"开打姿势". 因此有人建议，用如图 3.31 所示的数学图形来作交流媒介. 以上所说当然是一笑话，不过说明了这一图形是对一普遍真理的反映.① 其实这是"勾 3 股 4 弦 5"的几何构形，只要是"高级智慧生物"，一看就会心有灵犀一点通，就会互相认同. 1976 年，华罗庚在重新发表《大哉数学之为用》一文时，又补充了两个图形. 一个是中国古代的"九宫数"（如图 3.32 所示）；另一个是为了使那里的较高级的生物知道我们会几何证明，华罗庚教授建议带去中国古代的"青朱出入图"（如图 3.33 所示）. 真是"宇宙之大，粒子之微，火箭之速，化工之巧，地球之变，生物之谜，日用之繁，无处不用数学."（华罗庚语）

---

① 华罗庚科普著作选集. 上海，上海教育出版社. 1984：252.

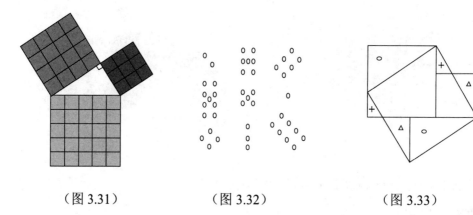

（图 3.31）　　　（图 3.32）　　　（图 3.33）

现在，我们正处在科学技术飞速发展的新时代，人类正在飞向月球、火星和广袤的外太空。信息时代的科技竞争本质是数学的竞争。希望有志的青少年打牢数理化、计算机等学科基础，记住毛泽东主席对科学家讲的话："我们欢迎数学，社会主义建设需要数学。"毛泽东主席还曾勉励青年学生："不要怕困难，要学好物理、化学，尤其是数学。"

一句话，大家要记牢："学好数理化，建设祖国本领大！"

第二部分　数学思维

第4讲　数学培训与思维品质漫谈[①]

思维品质一般指思维的深刻性、思维的广阔性、思维的敏捷性、思维的灵活性、思维的批判性和思维的独创性.它们分别反映了思维的宽度（深刻性、广阔性）、思维的速度（敏捷性、灵活性）和思维的力度（批判性、独创性），这些思维品质在数学思维中的表现就是数学的思维品质.

数学教学的重要目的在于培养学生的数学思维能力，而思维能力反映在通常所说的思维品质上，它是数学思维结构中的重要组成部分.思维品质是评价和衡量思维优劣的重要标志，因此在数学学习中大家要重视对良好的思维品质的培养.

1. 思维的深刻性

我国著名数学家和数学教育家徐利治教授指出：透视本质的能力是构成创造力的一个因素.这里讲的就是思维的深刻性.思维的深刻性表现在能深入地钻研与思考问题，善于从复杂的事物中把握本质，而不被一些表面现象所迷惑，特别是在学习中要注意克服思维的表面性、绝对化与不求甚解的毛病.思维的深刻性的对立面是思维的肤浅性.要做到思维深刻，在概念学习中，就要分清一些容易混淆的概念，如正数和非负数、方根和算术根、锐角和第一象限角等.在定理、公式、法则的学习中，就要完整地掌握它们（包括条件、结论和适用范围），领会其精神实质，切忌形式主义、表面化和一知半解、不求甚解.要力求全面地看问题，尽量减少思维中的表面性和绝对化，要注意从事物之间的联系中把握事物的本质.

---

① 本文是 2020 年 8 月 17 日为学而思夏令营录播的《2020 新三年级数学讲座》文稿

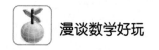

如计算 $19961997×19971996-19961996×19971997$.

有些同学如下一步步地演算，容易出错．

原式$=(19961996+1)×19971996-19961996×(19971996+1)$

$\qquad =19961996×19971996+19971996-19961996×19971996-19961996$

$\qquad =19971996-19961996=10000$.

然而，有的同学令 $a=19971996$，$b=19961996$，则原式变为 $a(b+1)-b(a+1)=ab+a-ba-b=a-b=19971996-19961996=10000$.这些同学很快看出了问题的本质，简化了运算．

再如：$\alpha°$角模板的设计问题．

有一道小学智力竞赛问题：现有一个 $19°$ 的模板（如图4.1所示），请你设计一种办法，只用这个模板和铅笔在纸上画出 $1°$ 的角．

对于这个问题，不少学生都会抓住$19°×19=361°$比 $360°$ 多 $1°$ 的特点，机智地给出解答．

在平面上取一点 O，过 O 点画一条直线 A_0OB_0，以 O 为顶点，从 OB_0 起沿逆时针方向依次用模板画射线 $OB_1,OB_2,OB_3,\cdots,OB_{18},OB_{19}$，使得 $\angle B_iOB_{i+1}=19°(i=0,1,2,\cdots,18)$．这时，$\angle B_0OB_{19}=19°×19-2×180°=1°$，这样，我们用 $19°$ 的模板画出了 $1°$ 的角（如图4.2所示）．

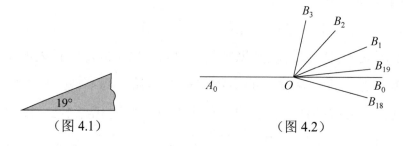

（图4.1）　　　　　　　　　　　（图4.2）

大家会做了，一般就完事大吉了！

很少有人深入地反思，因此放过了研究探索的契机．现在我们接着考虑以下两个问题。

（1）用一个 $13°$ 的模板和铅笔，能否在纸上画出一个 $1°$ 的角？

（2）用一个 $15°$ 的模板和铅笔，能否在纸上画出一个 $1°$ 的角？

对（1）（2）两问，如果能，请你简述画法步骤，如果不能，请你说明理由．

对于用 13°的模板能否画出 1°的角的问题，关键就在于能否找到 13°的一个倍数与 180°的某个倍数恰好相差 1°，也就是说，能否找到整数 m、n，使得 $13° \times m - 180° \times n = \pm 1°$ 成立，不难发现，$m = -83$，$n = 6$，$13° \times (-83) - 180° \times 6 = -1°$ 即可，这样就不难设计画法了.

根据（1）的结论，若能用 15°的模板画出 1°的角，表明存在整数 m、n，使得 $15° \times m - 180° \times n = \pm 1°$. 但是我们发现，$3 \mid 15$，$3 \mid 180$，通过式子可以推出 $3 \mid \pm 1$，矛盾. 因此用 15°的模板不能画出 1°的角.

通过上面的思索，大家可以总结具有怎样整数度数的模板可以画出 1°的角，哪些整数度数的模板不能画出 1°的角.

上面的例题启发我们，问题的本质在于连续使用"α°角模板"若干次，是否能恰好与 180°的某个倍数相差 1°（有可能是 +1°，也有可能是 -1°）. 用数学语言表述为：

是否存在整数 x, y，使得 $\alpha° x - 180° y = 1°$.　　　　　　①

也就是判断 $\alpha° x - 180° y = 1°$ 是否存在整数解 (x, y).

这样，我们将"α°角模板"的设计问题，抽象为式①是否存在整数解的问题，至此就可以在纯数学范围内研究讨论，加以解决了.

类比例题的解法，如果 α，180 的最大公约数 $(\alpha, 180) \neq 1$，那么式①就不存在整数解. 从而只需讨论 $(\alpha; 180) = 1$ 的情况即可.

进一步看出：问题的本质是不定方程 $ax + by = c$ 存在整数解（a、b 为正整数，c 为整数）的充分必要条件是 $d \mid c$，其中 $d = (a, b)$.

能迅速看到并表达出这个问题本质的同学为数不多，对数学思维的深刻性品质的培养是一项艰难的工作. 培养思维的深刻性，应该注意以下几点：

（1）注意揭示知识或问题的发生过程；

（2）重视概括能力的培养；

（3）重视变式和反例的作用；

（4）要注意对问题情境中隐含条件的挖掘.

2．思维的广阔性

思维的广阔性表现在能多方面、多角度地思考问题，善于发现事物之间多方面的联系，找出多种解决问题的办法，并能把它推广到类似的问题中.

例如，如图 4.3 所示，三个边长为 1 的正方形并排放在一起形成一个 1×3 的长方形.

求证：$\angle 1 + \angle 2 + \angle 3 = 90°$.

仔细分析，要证 $\angle 1 + \angle 2 + \angle 3 = 90°$，由于 $\angle 3 = 45°$，所以，只需证明 $\angle 1 + \angle 2 = 45°$ 就可以了！于是想到能否把 $\angle 2$（$\angle 1$）移动位置，与 $\angle 1$（$\angle 2$）拼合在一起，恰好构成一个 45° 的角呢？于是想到：如图 4.4 所示，再拼上一个单位正方形 $DFKI$，则 $\triangle AKC$ 为等腰直角三角形，$\angle KCA = 45°$，又因为直角 $\triangle KCF$ 与直角 $\triangle AHD$ 全等，所以 $\angle KCF = \angle 2$.

因此，$\angle 1 + \angle 2 = \angle 1 + \angle KCF = \angle KCA = 45°$.

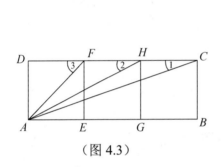

（图 4.3）

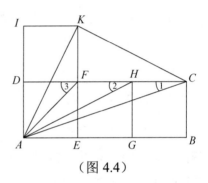

（图 4.4）

有了拼合 $\angle 2$ 与 $\angle 1$ 的思想，大家往往会产生不同的拼合方式，并顺着拼合全等三角形的思路发散开来，又可以找到许多拼法. 如图 4.5 所示，$\triangle AHP$ 是等腰直角三角形，$\angle HAP = 45°$，$\angle HAG = \angle 2$，$\angle BAP = \angle 1$. 所以 $\angle 1 + \angle 2 = \angle BAP + \angle HAG = \angle HAP = 45°$.

如图 4.6 所示，$\triangle AQC$ 是等腰直角三角形，$\angle ACQ = 45°$，$\angle QCP = \angle 2$，所以 $\angle 1 + \angle 2 = \angle 1 + \angle QCP = 45°$.

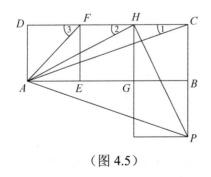

（图 4.5）

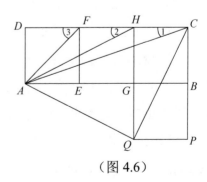

（图 4.6）

如图 4.7 所示，$\triangle WDB$ 是等腰直角三角形，$\angle WDB = 45°$，$\angle CDB = \angle 1$，

$\angle WDH = \angle 2$．所以 $\angle 1 + \angle 2 = \angle CDB + \angle WDH = \angle WDB = 45°$．

如图 4.8 所示，$\triangle ZAH$ 是等腰直角三角形，$\angle ZHA = 45°$，$\angle ZHY = \angle 1$，因此 $\angle 1 + \angle 2 = \angle ZHY + \angle 2 = \angle ZHA = 45°$．其他顺着"拼合全等三角形"的思路的证法就不例举了．

还可以利用相似三角形的知识证明，如图 4.3 所示，$FH = 1$，$FA = \sqrt{2}$，$FC = 2$，所以 $\dfrac{FH}{FA} = \dfrac{1}{\sqrt{2}} = \dfrac{\sqrt{2}}{2} = \dfrac{FA}{FC}$，又因为 $\angle HFA = \angle AFC$，因此 $\triangle HFA \backsim \triangle AFC$，则有 $\angle 2 = \angle FAC$，又因为 $\angle 1 = \angle CAB$，所以 $\angle 1 + \angle 2 = \angle CAB + \angle FAC = \angle FAB = 45°$．用相似三角形法证明不用添设辅助线，证法简洁明了．

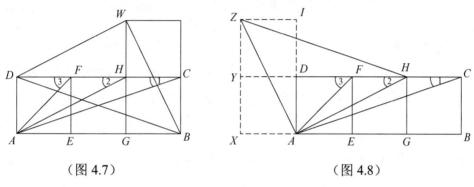

（图 4.7）　　　　　　　　（图 4.8）

还有其他思路，如用三角法证明：$\angle 2$ 与 $\angle 1$ 都是小于 $45°$ 的锐角，可知 $\angle 1 + \angle 2$ 是锐角．又因为 $\tan \angle 1 = \dfrac{DA}{DC} = \dfrac{1}{3}$，$\tan \angle 2 = \dfrac{DA}{HD} = \dfrac{1}{2}$，所以 $\tan(\angle 1 + \angle 2)$

$$= \frac{\tan \angle 1 + \tan \angle 2}{1 - (\tan \angle 1)(\tan \angle 2)} = \frac{\dfrac{1}{3} + \dfrac{1}{2}}{1 - \dfrac{1}{3} \times \dfrac{1}{2}} = \frac{\dfrac{5}{6}}{1 - \dfrac{1}{6}} = 1$$，所以 $\angle 1 + \angle 2 = 45°$．

如图 4.9 所示，我们还可以通过建立复平面的直角坐标系来证明：设 $z_1 = 3 + i$，$z_2 = 2 + i$，$z_3 = 1 + i$，则 $z_1 z_2 z_3 = (3 + i)(2 + i)(1 + i) = 10i$．由 $\arg(z_1 z_2 z_3) = \arg z_1 + \arg z_2 + \arg z_3$，则有 $\dfrac{\pi}{2} = \angle 1 + \angle 2 + \angle 3$．即 $\angle 1 + \angle 2 + \angle 3 = 90°$．

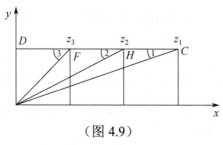

（图 4.9）

一个问题的多种解法，表明了思路的广阔，这使大家的思维的发散性提高到了一个更高的层次. 正如著名数学教育家北师大教授赵慈庚教授所说："解题要多方面联系."

事实上，数学工作者在研究探索过程中，对某一个数学命题，不同的数学家往往会从不同的角度找到全新的证法，这也体现了思维的广阔性. 比如"关于 $\sqrt{2}$ 是无理数的证明"一例，在 V.C.哈里斯写的《关于 $\sqrt{2}$ 是无理数的证明》一文中就记录了古往今来的 13 种证法，这里我们只选择其中 4 种加以介绍.

证明 1： 假设 $\sqrt{2}$ 是有理数，则可设 $\sqrt{2} = \dfrac{a}{b}$，从而有 $a^2 = 2b^2$，其中 a, b 是互素的两个正整数. 则 a^2 是偶数，从而 a 是偶数，不妨设 $a = 2k$，代入得 $4k^2 = 2b^2 \Rightarrow 2k^2 = b^2$，则 b^2 是偶数，因此 b 是偶数，这时 a, b 同为偶数，与" a, b 是互素的两个正整数"矛盾！所以 $\sqrt{2}$ 是有理数的假设不成立，则 $\sqrt{2}$ 是无理数.

证明 2： 假设 $\sqrt{2}$ 是有理数，则可设 $\sqrt{2} = \dfrac{a}{b}$，从而有 $a^2 = 2b^2$，其中 a, b 是互素的两个正整数.显然 $b > 1$，如若不然，$b = 1 \Rightarrow a = \sqrt{2}$，与 a 是正整数矛盾，因此 $b > 1$.

由于 $b > 1, \sqrt{2} > 1$，故 $a > 1$.根据算术基本定理，任何大于 1 的自然数都可以分解为质因数的乘积，且在约数由小到大排列的约定下，分解是唯一的.

设：$a = p_1^{r_1} p_2^{r_2} \cdots p_t^{r_t}$，$b = q_1^{k_1} q_2^{k_2} \cdots q_n^{k_n}$，其中 $p_i, q_j\,(i = 1, 2, \cdots, t;\, j = 1, 2, \cdots, n)$ 都是质数. 由 $a^2 = 2b^2$ 得 $p_1^{2r_1} p_2^{2r_2} \cdots p_t^{2r_t} = 2q_1^{2k_1} q_2^{2k_2} \cdots q_n^{2k_n}$ （*）

式（*）左边质数 2 的个数应为偶数个，而右边质数 2 的个数应为奇数个，矛盾！

所以 $\sqrt{2}$ 是有理数的假设不成立，则 $\sqrt{2}$ 是无理数.

这种方法，对证明 $\sqrt{p}$ （其中 p 为质数）是无理数都是有效的.

证明 3： 设 $\sqrt{2}$ 是有理数，则 $\sqrt{2}$ 是整系数方程 $x^2 - 2 = 0$ 的有理根. 设方程 $x^2 - 2 = 0$ 的有理根为 $\dfrac{a}{b}$，则 $a \mid -2$，$b \mid 1$，因此该方程的有理根只能是 $\pm 1, \pm 2$，这显然与 $\sqrt{2}$ 是整系数方程 $x^2 - 2 = 0$ 的有理根矛盾！所以 $\sqrt{2}$ 只能是整系数方

程 $x^2 - 2 = 0$ 的非有理根，则 $\sqrt{2}$ 是无理数.

证明 4：假设 $\sqrt{2}$ 是有理数，则可设 $\sqrt{2} = \dfrac{a}{b}$，从而有 $a^2 = 2b^2$，其中 a,b 是互素的两个正整数. 由于一个整数的平方的尾数只能是 0, 1, 4, 5, 6, 9. 所以 a^2 的尾数只能是 0, 1, 4, 5, 6, 9；b^2 的尾数也只能是 0, 1, 4, 5, 6, 9，因此 $2b^2$ 的尾数只能是 0, 2, 8；但 a^2 的尾数不能是 2 或 8，要使 $a^2 = 2b^2$，则等式两边的尾数应相等，所以 a^2 与 $2b^2$ 的尾数都应是 0. 这就要求 b^2 的尾数只能是 0 或 5. 因此 a 与 b 都应能被 5 整除. 这与"a,b 是互素的两个正整数"矛盾！$\sqrt{2}$ 是有理数的假设不成立，所以 $\sqrt{2}$ 是无理数.

"尾数分析法"还可以证明任何尾数为 2, 3, 7 或 8 的正整数的平方根是无理数.

以上两例都是体现思维的广阔性的典型例题，大家可以仔细地赏析. 如上所见，思维的广阔性还表现在：有了一种很好的方法或理论，能从多方面设想，探求这种方法或理论适用的各种问题，扩大它的应用范围. 数学中的换元法、判别式法、对称法等在各类问题中的应用都是如此进行的. 思维的广阔性的对立面是思维的狭隘性，这是应时刻注意防止的.

3. 思维的敏捷性

思维的敏捷性是指思维过程的简缩性和快速性. 在数学活动中的主要表现是，能缩短运算环节和推理过程，"直接"得出结果，走非常规的路. 思维的敏捷性的对立面是思维的迟钝性. 反应迅速，"数感"灵敏，是一种重要的思维品质. 正如前苏联心理学家克鲁捷茨基所指出的：能"立即"进行概括的学生也能"立即"对推理进行缩短. 比如，丢番图墓碑上的碑文关于计算丢番图年龄的问题，古希腊数学家丢番图的身世在他的墓志铭上有如下记载：

"过路人，这儿埋着丢番图的骨灰. 下面的数据可以告诉你他一生寿命究竟有多长. 他生命的六分之一是幸福的童年. 再活了十二分之一，他颊上长起了细细的胡须. 丢番图结了婚，可是还不曾有孩子，这样又度过了一生的七分之一. 再过五年，他得了头胎儿子，感到很幸福. 可是命运给这孩子在世界上的生命只有他父亲的一半. 自从儿子死后，这老头在深深的悲痛中活了四年，也结束了尘世的生涯."请问丢番图活了多少岁才和死神相见.

常规的解法：设丢番图活了 x 岁．依题意列出方程：$\dfrac{x}{6}+\dfrac{x}{12}+\dfrac{x}{7}+$ $5+\dfrac{x}{2}+4=x$，解得 $x=84$．当然这需要经过一定的运算与求解过程，更何况分数通分运算是很容易出错的．

验算：丢番图童年有 14 年，又活了 7 年，颊上长起了细细的胡须并结了婚．还不曾有孩子，又过了 12 年．再过 5 年得了头胎儿子，儿子活了 42 岁，儿子死后，又 4 年，丢番图去世．$14+7+12+5+42+4=84$，恰好为 84 岁．

以上是常规的列方程解法．然而，有的同学迅速地说出了丢番图活了 84 岁．其理由是：丢番图的年龄是正整数，由题中的条件可知，其年龄数可被 6，12，7，2 整除，即可被它们的最小公倍数 $[6,12,7,2]=84$ 整除．年龄数可能是 84，168，252，……，其中，合理的解答是 84 岁．

又如，兄弟二人放羊．若兄给弟一只羊，则二人羊数相等；若弟给兄一只羊，则兄的羊数为弟的 2 倍．兄、弟各有几只羊？一般的同学可列方程解得兄有 7 只羊，弟有 5 只羊．然而，有的同学脱口而出这一结果，非常敏捷、迅速．其理由是：兄给弟一只羊后二人羊数相等，表明兄比弟多 2 只羊；弟给兄一只羊后兄的羊数为弟的 2 倍，表明此时兄比弟多 4 只羊，兄的羊数是弟的羊数的 2 倍，即弟此时有一倍量的羊，即现有 4 只羊，所以弟原有 5 只羊，兄原有 7 只羊．这样心算就可解决该问题，非常简洁迅速．

再如，解三角方程 $\tan x+\cot x=1.5$．思维敏捷的学生会马上回答，方程无解．因为 $\tan x,\cot x$ 在定义域内互为倒数，而一个正数与其倒数之和不小于 2，一个负数与其倒数之和不大于 -2，所以 $\tan x+\cot x=1.5$ 无解．为了培养思维的敏捷性，我们应在培养概括能力上多下工夫．

再如，若 x,y 都是实数，且 $y=\dfrac{\sqrt{x^2-4}+\sqrt{4-x^2}}{x+2}$，求 $\log_{\sqrt{2}}(x+y)$．有些同学想通过 $y=\dfrac{\sqrt{x^2-4}+\sqrt{4-x^2}}{x+2}$ 确定 x,y 的关系，云里雾里，解不出来．但也有的同学根据要使 $y=\dfrac{\sqrt{x^2-4}+\sqrt{4-x^2}}{x+2}$ 有意义，很快推出 $x^2-4\geqslant 0$ 且 $4-x^2\geqslant 0$，同时 $x+2\neq 0$．由此得出，$x=2$，于是 $y=0$．从而 $\log_{\sqrt{2}}(x+y)=$

$\log_{\sqrt{2}} 2 = \log_{\sqrt{2}}(\sqrt{2})^2 = 2$. 这种解法显示了思维的敏捷性.

4．思维的灵活性

大科学家爱因斯坦把思维的灵活性看成创造性的典型特点. 在数学学习中，思维的灵活性表现在能对具体问题具体分析. 主要表现为能从不同的角度、不同的方面采取灵活多样的方法思考问题. 善于根据情况的变化，及时调整原有的思维过程与方法，灵活地运用有关定理、公式、法则，并且不囿于固定程式或模式，具有较强的应变能力. 思维的灵活性的对立面是思维的呆板性，一定要克服思维的呆板性，提高思维活动的灵敏程度.

思维的灵活性的特征是（1）起点灵活. 即能从不同角度、方向，用多种方法解题；（2）思维过程灵活. 即从分析到综合，从综合到分析，能全面灵活地做综合的分析；（3）概括、迁移能力强；（4）善于组合分析，随着新知识的掌握和经验的积累，有较强的重新安排、组合已学知识的能力；（5）思维的结果通常是多种合理而灵活的结论. 这些结果不仅有量的区别，而且有质的区别.

培养思维的灵活性，传统提倡的"一题多解"是一个好办法. 思维的深刻性与灵活性往往是有联系的. 思维深刻的人，容易摆脱一般方法的羁绊，灵活地考虑问题；也常常能发现他人未注意到的地方，从而深刻认识问题的本质. 思考与回答以下问题，有助于提高大家思维的灵活性.

数学家波里亚在 11 岁时就曾利用直观形象的方法灵活地解答了如下的问题：从家到学校，我要用 30 分钟，而弟弟要用 40 分钟. 如果弟弟比我早 5 分钟离家上学，我能在几分钟后赶上他？

波里亚作出示意图（如图 4.10 所示），他说："我把表示弟弟所需时间的线向下移动，使得下面出现等于 5 的一小段，于是上面也会有等于 5 的一小段. 我晚走 5 分钟，早到 5 分钟，因此，我会在半路上（中点）赶上弟弟."　所以我会在弟弟出发 20 分钟时，即我出发 15 分钟时追上弟弟.

又如，将五个分数 $\dfrac{2}{3}, \dfrac{5}{8}, \dfrac{15}{23}, \dfrac{10}{17}, \dfrac{12}{19}$ 由小到大或由大

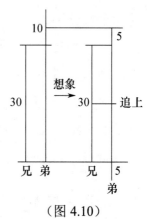

（图 4.10）

到小排列，问排在中间位置的数是哪个.

这是比较分数大小的问题，通常的做法是：当分母相同时，只需比较分子的大小；当分母不同时，就先通分化成同分母的分数，再去比较相应的分子的大小.

本题中的公分母是 $3 \times 8 \times 23 \times 17 \times 19$，显然计算量很大，不容易解！仔细观察，可以发现分子的最小公倍数比较好求，我们转而考虑把分子化为相同的数.

因为 2, 5, 15, 10, 12 的最小公倍数是 60，所以可将分数化成

$$\frac{2}{3} = \frac{60}{90}, \quad \frac{5}{8} = \frac{60}{96}, \quad \frac{15}{23} = \frac{60}{92}, \quad \frac{10}{17} = \frac{60}{102}, \quad \frac{12}{19} = \frac{60}{95}.$$

显然

$$\frac{60}{102} < \frac{60}{96} < \frac{60}{95} < \frac{60}{92} < \frac{60}{90}.$$

所以排序后处在中间位置的数是 $\frac{12}{19}$.

当发现将分母通分，会带来很大计算量时，能迅速地看到分子的特点，转而考虑"公分子"，使问题解法简洁，这体现了思维的灵活性.

再如，有四个数，每三个数相加，其和分别是 22, 24, 27, 20. 求这四个数. 如果设这四个数依次为 x, y, z, w，需列出四元一次方程组：

$$\begin{cases} x + y + z = 22 \\ y + z + w = 24 \\ z + w + x = 27 \\ w + x + y = 20 \end{cases},$$

然后解得 $x = 7$，$y = 4$，$z = 11$，$w = 9$. 然而，思维灵活的学生，会根据题目特点马上设这四个数的和为 x，则这四个数分别为 $x - 22, x - 24, x - 27, x - 20$，于是列出方程 $x = (x - 22) + (x - 24) + (x - 27) + (x - 20)$，解之得 $x = 31$，从而得到所求的四个数分别为 7, 4, 11, 9. 解法灵活巧妙，妙不可言.

灵活的反面是呆板，表现为循规蹈矩、因循守旧、墨守成规、陷入困境而不能自拔. 例如，解方程 $x^2 - 2x - 168 = 0$. 思维呆板的学生一见到题目便用公式法或十字相乘法去解. 而思路灵活的学生一见到 168，马上做出反应：$(x - 1)^2 = 169 = 13^2$，心算立得 $x = 14$ 或 $x = -12$.

再如，解关于 x 的方程：$x + \dfrac{1}{x - 1} = a + \dfrac{1}{a - 1}$. 解这样的题通常用去分母的方法. 但根据本题的特点，可采用更为灵活的解法，将方程改写为

$(x-1)+\dfrac{1}{x-1}=(a-1)+\dfrac{1}{a-1}$，显然，$x-1=a-1$ 和 $x-1=\dfrac{1}{a-1}$ 的根即为原方程的根，从而解得 $x_1=a$，$x_2=\dfrac{a}{a-1}$．这种解法充分体现了思维的灵活性．

事实上，灵活性越大，思维就越发散，就越能克服思维定式的消极影响．

5．思维的批判性

思维的批判性是指在思维活动中善于严格地估计思维材料和精细地检查思维过程的思维品质．它的特点是有能力评价解题思路的选择是否正确，以及评价这种思路导致的结果如何，要善于发现问题、提出问题，并对不同思路进行各种方式的检验．对大家而言，就是要提高辨别是非的能力．逐渐地不满足教师或教材中对事物现象的描绘和解释，而敢于独立地提出疑问或发表不同的看法，正是青少年时期思维发展的一种好品质．

下面的故事会对我们有启示："有一个三棱锥和一个四棱锥，所有的棱长都相等．将它们的一个侧面重合后，还有几个暴露面？"

这是美国一个有 83 万学生参加的中学生数学竞赛中的一道试题．评委会给出的原答案是 7 个暴露面．弗罗里达州的一名中学生丹尼尔的答案是 5 个暴露面，被评委会否定了．事后，丹尼尔自己做了一个模型，验证了自己的结论是正确的，随后又给出了证明，然后向考试委员会申诉，有名数学家看了他的模型，不得不承认丹尼尔的答案是正确的．

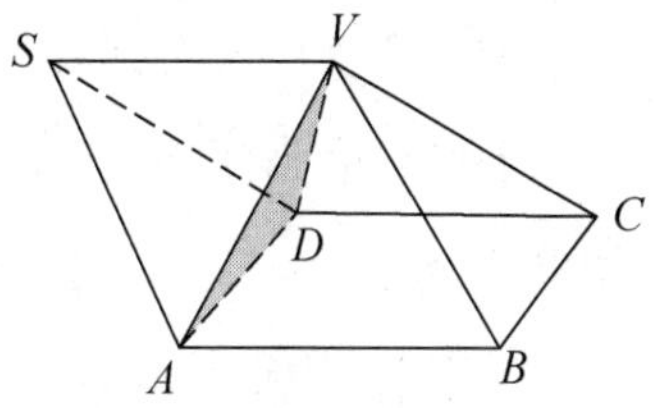

（图 4.11）

丹尼尔的证明是，如图 4.11 所示，V—$ADCB$ 是所有棱长都为 a 的四棱锥，作 $SV/\!/AB$，截 $VS=a$，连接 SA、SD，作以 S 为顶点，VDA 为底的正三棱锥．因为 $SV/\!/AB/\!/DC$，所以，四边形 $VSAB$、四边形 $VSDC$ 共面且都是平行四边形，它们成为 2 个暴露面．因此，共有 5 个暴露面．丹尼尔独立思考、坚持真理的批判精神，是值得称赞的．

思维的批判性表现在有主见地评价事物，能严格地评判自己提出的假设或解题方法是否正确和优良；喜欢独立思考，善于提出问题和发表不同的看法．如有的学生能自觉纠正自己所做作业中的错误，分析错误的原因，评价各种解法的优点和缺点等．思维的批判性的对立面是思维的盲从性，要做到既不人云亦云，也不自以为是，才能正确地培养思维的批判性．

培养思维的批判性，就要训练"质疑"能力，多问几个"能行吗""为什么"，现在，数学课外读物和复习参考资料很多，仔细看看，会发现有的书上的一些题目（包括测验题）隐含着错误.

如已知正数 a,b，满足 $a^2+ab+b^2=0$，求证：$\lg(a+b)=\dfrac{1}{2}(\lg a+\lg b)$. 大多数同学循规蹈矩证明一番，完事大吉. 然而，有的同学则指出这道题是个错题，因为对任意正数 a,b，总有 $a^2+ab+b^2>0$，也就是说题设条件 $a^2+ab+b^2=0$ 在实数范围内不成立. 这位同学的思维是具有批判性的.

还有这样的一道填空题：已知三角形的面积为18，周长为12，则内切圆的半径为_____. 如果形式地套用公式 $r=\dfrac{A}{p}$，其中 r 为内切圆半径，A 为三角形的面积，p 为三角形的半周长，就有 $r=\dfrac{18}{\dfrac{1}{2}\times12}=3$. 然而，周长为定值的三角形中，等边三角形的面积最大，因此容易算出周长为12的三角形的最大面积为 $4\sqrt{3}$，显然小于题目中三角形的面积18. 因此，原题是个错题，但多数学生并未对此产生质疑.

还有一个更为典型的例子，有这样一道开放题.

1998 年北京某报在《科学珍闻》栏目中报道了一则消息，标题是"圆周率并非无穷无尽". 报道全文如下：

"目前，圆周率永远除不尽的神话，被加拿大一名年仅 17 岁的数学天才伯西瓦打破了.

伯西瓦 13 岁时就曾在不列颠哥伦比亚省塞蒙·福雷赛大学进修过部分课程. 1998 年 6 月，他运用电子邮件与世界上的 25 台超级计算机连接，计算出圆周率是可以除尽的. 他利用二进位算法，发现圆周率第 5 兆位的小数是零. 也就是说，如果按十进位来算，圆周率的第 1 兆 2 千 5 百亿位是它的尽头.

之前，人们都认为圆周除以直径所得到的数字是除不尽的无理数. 1997 年 9 月，法国人贝拉尔把这个无理数算到了第 1 兆位小数，创下了世界纪录."

请你用数学理论对上述报道进行分析，谈谈自己的看法.

在19份答卷中，只有4份答卷指出"这则报道是荒谬的，圆周率π是无理数是科学真理,计算机不可能把它穷尽".有2份答卷表示担心,"如果圆周率π是有理数,那么以后中学有理数怎么学呢"?其余13份试卷都大谈"在未来的信息社会,技术进步使什么奇迹都可能出现.圆周率π是有理数,这是科学进步的标志.人们要更新观念,才能跟上时代的步伐".这13份答卷既反映出缺乏科学批判的精神,也反映出缺乏实事求是、坚持真理的勇气.

华罗庚教授指出:学习前人的经验,并不是说要拘泥于前人的经验,我们可以也应当怀疑与批评前人的成果,但怀疑与批评必须从事实出发.这些语重心长的教诲值得我们吸取.华罗庚教授治学严谨,不盲从前人、古人、权威,既独立思考,又实事求是.早在1929年,已经对数学有浓厚兴趣并进行了初步探索的华罗庚,虽然只是初中毕业,却对潜心研究数学的著名中学教师苏家驹于1929年发表在上海《学艺》杂志7卷上的论文《代数的五次方程式之解法》产生了质疑.华罗庚在1930年12月出版的《科学》15卷2期上发表了《苏家驹之代数的五次方程式之解法不能成立之理由》的文章,这篇文章对华罗庚的个人命运有决定性的影响.他于该文发表后的第二年,即1931年,被清华大学熊庆来教授调到清华大学数学系任助理员,从此走上了一条通往大数学家的征途.华罗庚人生的最大转折就得益于既独立思考,又实事求是的勇于批判的精神.

曾有人问华罗庚:"有些方法,你为什么能看出它的毛病呢?"华罗庚当即写下唐朝卢纶的名诗:

月黑雁高飞,单于夜遁逃,欲将轻骑逐,大雪满弓刀.

然后问这个人有错否,他说没看出错.华罗庚立即写下:

北方大雪时,群雁早南归,月黑天高时,怎得见雁飞?

名诗尚有不科学之处,更何况科学方法呢?华罗庚写完就走了.华老"改诗"却在中国科学界传为美谈.独立思考、敢于批判的精神是科学工作者极为宝贵的品德和素养.

6. 思维的独创性

思维的独创性是指思维活动中的创造精神,表现在能独立地发现问题、分析问题和解决问题,主动地提出新的见解和采用新的方法,是在用新颖方法解决问题中表现出来的智力品质. 在学习数学中, 我们独立、自觉地掌握数学概念, 发现新的定理证明方法, 发现例题、习题的新颖解法等, 都是思维的独创性的具体表现. 例如, 德国数学家高斯幼年时就能摆脱常规算法, 采用新的算法, 立刻算出 $1+2+3+\cdots+100=5050$, 是具有独创性的.

再如, 在一个圆周上给定 10 个点（如图 4.12 所示）, 把其中 6 个点染成黑色, 余下的 4 个点染成白色, 这些点把圆周划分为互不包含的（10 条）弧段. 我

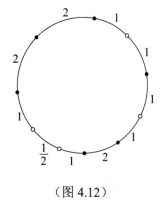

（图 4.12）

们规定：两端都是黑点的弧段标上数字 2；两端都是白点的弧段标上数字 $\frac{1}{2}$；两端是异色点的弧段标上数字 1. 将所有标记的数字乘在一起, 求它们的乘积.

该问题的一般提法是：在一个圆周上给定 $n+k$ 个点（$n>k$）, 把其中 n 个点染成黑色, 余下的 k 个点染成白色, 这些点把圆周划分成互不包含的弧段. 我们规定：两端都是黑点的弧段标上数字 2；两端都是白点的弧段标上数字 $\frac{1}{2}$. 两端是异色点的弧段标上数字 1. 把所有标记的数字乘在一起, 求它们的乘积.

标准答案的解题思路如下：

设两个端点为黑点的黑弧共有 m 段, 两个端点为白点的白弧共有 n 段. 我们分析任意交换两个相邻点时, 黑弧、白弧的段数 m, n 怎样变化, 并看一看 $m-n$ 如何变化.

（I）若交换的两个相邻点是同色的点, 显然 m, n 均无变化, $m-n$ 不变.

（II）若交换的两个相邻点是异色的点, 则有 4 种情形, 我们逐一讨论：

① 黑 黑 白 黑 $\xrightarrow{\text{变为}}$ 黑 白 黑 黑 m, n 均没变, $m-n$ 不变.

② 白 黑 白 黑 $\xrightarrow{\text{变为}}$ 白 白 黑 黑 m, n 各加 1, $m-n$ 不变.

③ 白 黑 白 白 $\xrightarrow{\text{变为}}$ 白 白 黑 白 m, n 均没变, $m-n$ 不变.

④ 黑 黑 白 白 $\xrightarrow{\text{变为}}$ 黑 白 黑 白 m, n 各减 1, $m-n$

不变.

综合以上分析可得：任意交换两个相邻点，黑弧段数与白弧段数之差不变，即 $m-n$ 是个不变量.

对在圆周上标定的 a 个黑点和 b 个白点 （$a>b$）所形成的 m 段黑弧及 n 段白弧，我们可以通过依次交换相邻点的办法，使得黑点连成一片，白点连成一片，而 $m-n$ 不变.

因此，不妨就设这 a 个黑点为连成一片的，b 个白点也为连成一片的.

则有 $a-1$ 段黑弧，$b-1$ 段白弧. 而 $(a-1)-(b-1)=a-b$ 为不变量.

此外，只有 2 个端点为异色点的弧段，每个上面标数字 1，一个黑弧标数字 2，一个白弧标数字 $\frac{1}{2}$，b 个黑弧的标数与 b 个白弧的标数的乘积为 1，还剩下 $a-b$ 个黑弧，其上标数之积为 2^{a-b}.

所以，将所有标上的数字乘在一起，其乘积为 $1\times 1\times\left(2\times\frac{1}{2}\right)^{b}\times 2^{a-b}=2^{a-b}$.

结合题设一共有 10 个点，其中 6 个黑点，4 个白点的条件，可得所有标上的数字的乘积为 $2^{6-4}=2^{2}=4$.

北京 13 中初一学生王培给出了一个独立创新的解法：每个黑点处标 $\sqrt{2}$，每个白点处标 $\frac{1}{\sqrt{2}}$（如 图 4.13 所示），显然满足两

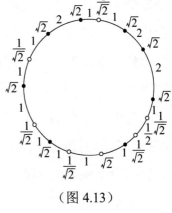

端都是黑点的弧段标上的数字等于两个端点标上的数字的乘积 $=\sqrt{2}\cdot\sqrt{2}=2$；两端都是白点的弧段标上的数字等于两个端点标上的数字的乘积 $\left(\frac{1}{\sqrt{2}}\right)\left(\frac{1}{\sqrt{2}}\right)=\frac{1}{2}$；

两端为异色点的弧段标上的数字等于两个端点标上的数字的乘积 $=(\sqrt{2})\left(\frac{1}{\sqrt{2}}\right)=1$. 因此，所有这些数

（图 4.13）

字乘在一起，可求得它们的乘积 $=\left(\sqrt{2}\right)^{2a}\left(\frac{1}{\sqrt{2}}\right)^{2b}=2^{a-b}$. 这个解法不同于标准

答案，简单新颖，极富创造性.

再如，求展开式 $\left(x+\frac{1}{x}-2\right)^{5}$ 的常数项. 如果按常规解法，要将式子变形为

$\left[\left(x+\dfrac{1}{x}\right)-2\right]^5$ 然后展开，比较麻烦．但有些思维独创性品质较高的学生，不满足于常规的解法．他们会在特殊的常数"−2"上大做文章．由这个"−2"所体现的特殊性，想到很有可能隐藏着一种间接的解法．他们将式子 $\left(x+\dfrac{1}{x}-2\right)^5$ 变形为 $\dfrac{(x-1)^{10}}{x^5}$，这样所求的常数项实际上转化为求分子展开式中 x^5 项的系数，即为−256，解法很简洁．抓住"$-2=-2\sqrt{x}\cdot\dfrac{1}{\sqrt{x}}$"这一特性，顺藤摸瓜，深入联想的思维过程也体现了一种独创性．

我们在学习数学的过程中，要有独立思考的自觉性，要勇于创新，敢于突破常规的思考方法和解题程序，大胆地提出新颖的见解和解法．思维的独创性有三个特点：其一是独特性，它具有个性的色彩，自觉而独立地操纵条件和问题，进而解决问题；其二是发散性，它从某一给定的信息中，产生为数众多的形式各异的信息，找到两个或两个以上的方案、结论或答案，形成复杂的结构与复杂的活动方式；其三是新颖性，它的结果（包括概念、结论、方案或者优解）都包含着新的因素．它是一种创新的思维活动．思维的独创性的最重要的指标是新颖程度，但这种新颖性并非是脱离实际的或荒唐的，而是具有一定的社会价值的．它可能在一段时间内被人们所忽视或误解，但终究会被社会所承认．法国数学家伽罗华的"群论"在发表 50 年以后才被人们所认识，就是一个典型的例子．

思维的独创性的对立面是思维的保守性，克服骄傲自满、故步自封，才能保持长久的创新意识．正如华罗庚教授所指出的："独立开创能力是每一个优秀科学家所必须具备的优良品质之一．"

思维的独创性是思维的高级状态，它是灵活性、深刻性等思维品质的相互渗透、相互影响、高度协调、合理构成的产物．在数学学习中我们可以考虑"别出心裁"地解题，运用"远距离"的联想，探索最佳解题途径．

关于数学的思维品质及其特点，我们综合列表如下：

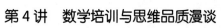

		内涵	在数学活动中的主要表现特征	对立面的特征	名人、名家的论述
思维的宽度	思维的深刻性	指分清实质的能力	能洞察所研究的每个事实的实质及其相互关系，能从所研究的材料中揭示被掩盖着的某些个别特殊情况，能组合各种具体模式	肤浅性	徐利治：透视本质的能力是构成创造力的一个因素
	思维的广阔性	指思路宽广，善于多角度、多层次地进行探求	既能把握数学问题的整体，抓住它的基本特征，又能抓住重要的细节和特殊因素，放开思路进行思考	狭隘性	赵慈庚：解题要多方面联系
思维的速度	思维的敏捷性	指思维过程的减缩性和快速性	能缩短运算环节和推理过程，"直接"得出结果，走非常规的道路	迟钝性	克鲁捷茨基：能"立即"进行概括的学生也能"立即"缩短推理
	思维的灵活性	指思维活动的灵敏程度	具有超脱出习惯处理方法界限的能力.一旦条件变化，便能改变先前的思维途径，找到新的解决问题的方法	呆板性	爱因斯坦把思维的灵活性看成创造性的典型特点
思维的力度	思维的批判性	指思维活动中的自我认识和自我监控的能力	有能力评价思路的选择及对成果进行检验，不迷信书本，凡事要经过自己的头脑思考、判断，有元认知能力	盲从性	华罗庚：学习前人的经验，并不是说要拘泥于前人的经验，我们可以也应当质疑与批评前人的成果.但质疑与批评必须从事实出发
思维的力度	思维的独创性	指思维活动中的创造精神	这里的"独创"不是只看创造结果，主要是看思维活动是否有创造性态度.如独立地发现定理的证明、提出新颖解法等都是思维的独创性的具体表现	保守性	华罗庚：独立开创能力是每个优秀科学家所必须具备的优良品质之一

上面对数学思维品质的分析，只是分解式的剖析. 其实，各项思维品质之间又是相互关联、有机联系的. 一个人的数学思维品质是各种思维品质的综合体现，只是对不同的人来说其表现形式各具特色，培养良好的数学思维品质是一个较长期、综合发展的过程.

所谓思维品质是指个体思维活动特殊性的表现. 思维品质的差异实质上表现为人的思维能力的差异. 数学创造性思维应该具有上述思维品质，然而上述思维品质的简单叠加并不是数学创造性思维. 上述各种思维品质所固有能力的综合表现，才是创造性思维.

数学是锻炼思维的体操. 数学教学的目的、数学训练的目的，都是培养与发展数学思维品质，而不是培养数学解题的机器. 数学是载体，解题是手段，发展数学思维是目的. 数学思维是通过思维品质表现出来的. 实践表明，平面几何、初等数论与组合数学最有利于发展灵活思考、直觉猜想、严格说理、机智判定与巧妙构造等能力。这是大家在学习数学时要注意探索的.

学会从不同角度分析问题①

每个同学都希望能讲点解题方法. 什么是方法？其实，方法就在你的掌握之中，就看你是否勤于总结. 笛卡尔说得好：走过两遍的路就是方法.

5.1 整体分析

平时解数学题时，大多采用"化整为零"的方法，一步一步地去突破. 但有些题目，分步解会遇到困难，甚至走不通. 怎么办？整体与部分是对立统一的，局部走不通，不妨整体观之，就如"会当凌绝顶，一览众山小".

例 1 有五个数的平均数是 7，若把其中的一个数改为 9，这五个数的平均数则变为 8. 问改动的那个数原来是多少.

解： 有人想知道这五个数各是多少，完全没有必要！应当从整体上看，改动一个数后，五个数的总和比原来增加了 8×5-7×5=5. 这个增加的 5，为其中的一个数改为 9 所致，所以改为 9 的数原来为 9-5=4.

例 2 任意交换九位数 123456789 中的数码位置，所得的所有的九位数中，有多少个质数？

解： 如果一次一次去调换数码位置并判断该数是否为质数，工作量极大，恐怕得用计算机来帮忙了！怎么办？我们发现，不管九个数字的数码位置如何变，其数字和是不变的，总等于 1+2+3+4+5+6+7+8+9=45，能被 3 整除，因此由这九个数字组成的九位数总能被 3 整除，一定是合数. 所以，任意交换九位数 123456789 中的数码位置，所得的九位数中，一个质数也没有！

例 3 有分别写着 0, 0, 1, 2, 3 的五张卡片，可以用它们组成许多不同的五位数. 由它们组成的全部不同的五位数的平均数是多少？

① 本文是 2009 年 7 月 11 日在浙江台州睿达学校为新小六《讲点数学思维方法》的讲稿

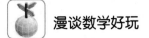

解：要求所有这些五位数的平均数，就要先求出这些数的总和及这些数的个数. 因为组成的五位数的最高位上不能是 0，所以它们的最高位只能是 1, 2, 3. 如果最高位是 1，那么组成的五位数可以是 10023, 10032, 10203, 10230, 10302, 10320, 12003, 12030, 12300, 13002, 13020, 13200，共 12 个，最高位为 2, 3 的五位数也各为 12 个，总计 36 个不同的五位数.

要求这 36 个数相加的总和，一个一个地相加很麻烦，从整体看，一共组成了 36 个五位数，数字 1, 2, 3 都各用了 36 次（0 在各数中只占位，暂时不去考虑），而这三个数字在万位上都分别用了 12 次，而在其余位上分别用了 $(36-12)÷4=6$ 次。由此推算出这 36 个五位数的总和为：

$(1+2+3)×10000×12+(1+2+3)×1111×6=720000+39996=759996.$

所以这 36 个五位数的平均数为：$759996÷36=21111.$

例 4 有红、黄、蓝三色的弹子. 已知红、黄两色弹子共 12 粒；红、蓝两色弹子共 15 粒；黄、蓝两色弹子共 13 粒. 求这三种颜色的弹子各有多少粒?

解：首先，经过整体分析，

$$
\begin{array}{rl}
红 + 黄 \quad\quad &= 12 \\
红 + \quad\quad 蓝 &= 15 \\
\quad\quad + 黄 + 蓝 &= 13 \\
\hline
2×（红 + 黄 + 蓝） &= 40
\end{array}
$$

所以红 + 黄 + 蓝 = 20，因此有红弹子 7 粒，黄弹子 5 粒，蓝弹子 8 粒.

例 5 某印刷厂装订车间的 3 名工人要将一批图书打包后运往邮局（每包书的册数一样多）. 第一次，他们领来这批书的 $\frac{7}{12}$，结果打了 14 包余下了 35 本. 第二次，他们把剩下的书全部领来，连同第一次余下的书一起恰好打了 11 包. 问这批图书共有多少本.

解：这是一道比较复杂的分数应用题，解答的关键在于找到 35 本对应的分率. 但用一般方法找这个分率是比较困难的，我们应从整体分析.

这批书共打了 $14+11=25$（包），由此可知，每包书的册数占这批书的 $\frac{1}{25}$，14 包书占这批书的 $\frac{14}{25}$，因为第一次领来的书是这批书的 $\frac{7}{12}$，因此"35 本书"占这批书的 $\frac{7}{12}-\frac{14}{25}=\frac{7}{300}$. 所以这批图书共有 $35÷\frac{7}{300}=1500$（本）.

例 6　甲、乙两人骑自行车同时分别从东西两地出发相向而行，经过 8 分钟两人相遇. 如果甲每分钟少行 180 米，乙每分钟多行 230 米，那么经过 7 分钟两人就能相遇. 求东西两地相距多少米.

解：由于不知道甲、乙两人骑自行车的速度各是多少，问题就显得特别困难. 因此，解决这个问题就应把甲、乙两人合在一起（转化为一人）考虑. 因为他们走完全程要 8 分钟，所以他们每分钟合走全程的 $\frac{1}{8}$. 后来两人速度变化了，7 分钟就能相遇，这时每分钟合走全程的 $\frac{1}{7}$. 他们的速度有什么变化呢？甲每分钟少行 180 米，乙每分钟多行 230 米，合在一起则为每分钟"多"行 230-180=50（米），而这 50 米对应的分率是 $\frac{1}{7} - \frac{1}{8} = \frac{1}{56}$，所以东西两地相距 $50 \div \frac{1}{56} = 2800$（米）.

例 7　八个盒子，各盒内装奶糖的数量分别为 9, 17, 24, 28, 30, 31, 33, 44 块. 甲先取走了一盒，其余各盒被乙、丙、丁三人取走. 已知乙、丙取到的糖的块数相同且为丁的 2 倍. 问：甲取走的一盒中有多少块奶糖？

解：如果你想实实在在地分这批糖，东拼西凑，困难重重. 其实解这个问题还得从整体入手. 已知乙、丙取到的糖的块数之和为丁的 4 倍，乙、丙、丁三人取走的七盒中糖的块数是丁所取到的糖的块数的 5 倍. 即乙、丙、丁三人取走的七盒中糖的块数是 5 的倍数. 而八盒糖的总块数是 9+17+24+28+30+31+33+44=216，216 减去 5 的倍数所得差的个位数字只能是 1 或 6. 观察各盒糖的块数发现，没有个位数字是 6 的，只有 31 一个数的个位数字是 1. 因此，判定甲取走的一盒中有 31 块奶糖.

例 8　一本书共 500 页，所编页码为 1, 2, 3, 4, …, 499, 500. 问：数字 "2" 在页码中一共出现了多少次？

解：当然可以分段来解，但会比较麻烦. 不妨整体考虑.

去掉 500，考虑 000, 001, 002, 003, …, 009, 010, …, 499 这 500 个三位数. 这样既不影响数的大小，也不影响 2 出现的次数. 从整体上看，个位上和十位上共有 500×2=1000 个数字（包括补的 0），因为在这两个数位上 0~9 这 10 个数码是均等出现的，所以 2 出现的次数占数字总数的 $\frac{1}{10}$，即 100 次. 最后看百位的数字共有 500 个，只出现 0, 1, 2, 3, 4. 数字 2 出现的次数仅占 $\frac{1}{5}$，也是 100 次. 所以 1, 2, $\cdots$, 500 中共出现了 200 次数字 2.

例 9 用一张斜边长为 29 的红色直角三角形纸片，一张斜边长为 49 的蓝色直角三角形纸片，一张黄色的正方形纸片，如图 5.1 所示，恰好拼成一个直角三角形. 问：红、蓝两张三角形纸片面积之和是多少？试说明理由.

解： 如图 5.2 所示，以 D 为中心，逆时针旋转 $\triangle BDE$，使 DE 和 DF 重合，BE 和 FG 重合，$\triangle BDE$ 和 $\triangle DFG$ 重合.

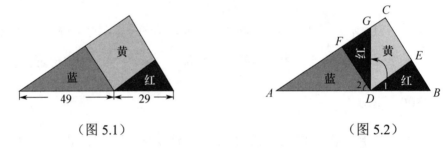

（图 5.1） （图 5.2）

由于 $\angle EDF = 90°$，所以 $\angle 1 + \angle 2 = 90°$，所以 $\angle ADG$ 是直角，$\triangle ADG$ 是直角三角形，它的面积恰好等于红、蓝两个直角三角形面积的和.

因此，红、蓝两张三角形纸片面积之和等于直角 $\triangle ADG$ 的面积，等于 $\frac{AD \times DG}{2} = \frac{49 \times 29}{2} = \frac{1421}{2} = 710.5$.

说明： 本题通过旋转技巧巧妙地进行了整体分析，克服了解题障碍，实现了从不会解题到会解题的转化.

5.2 倒过来思考

有些问题涉及的数量会反复多次变化，若按一般由先到后的顺序分析解答，往往十分困难，有时甚至会钻牛角尖，其实从结果往前倒过来思考、分析、推算，往往别有洞天.

例 10 一个水塘里的水浮莲每天都比前一天增长一倍. 到第 16 天刚好长满整个水塘. 问：水浮莲长满整个水塘的 $\frac{1}{4}$ 是第几天？

解： 要想从第一天开始向后推算看多少天长满整个水塘的 $\frac{1}{4}$，是极为困难的. 但可以反过来, 从后往前推算, 非常简单.

因为第 16 天刚好长满整个水塘, 又知水浮莲每天都比前一天增长一倍, 所以第 15 天长满整个水塘的 $\frac{1}{2}$, 第 14 天长满整个水塘的 $\frac{1}{4}$.

例 11 某数先加上 7, 再乘以 7, 然后减去 7, 最后除以 7, 结果还是 7, 问: 这个数是多少?

解: 可以倒着思索还原问题: $(7 \times 7 + 7) \div 7 - 7 = 1$. 所以这个数是 1.

例 12 将同样大小的 10 张分别写有 1~10 的正方形卡片叠放在一起. 每次取卡片的规则是: 先将最上面的一张卡片放到最下面一张卡片的下面, 再将新的最上面的一张卡片取出放在一边. 当完成第 9 次操作后, 剩下了一张卡片. 如果取出的 9 张卡片依次恰好是 1, 2, …, 9, 剩下的一张卡片恰好是 10. 请你写出最初卡片自上而下的叠放次序.

解: 倒过来操作

10	前添9得下行
9, 10	将10移到最前面, 再前添8得下行
8, 10, 9	将9移到最前面, 再前添7得下行
7, 9, 8, 10	将10移到最前面, 再前添6得下行
6, 10, 7, 9, 8	将8移到最前面, 再前添5得下行
5, 8, 6, 10, 7, 9	将9移到最前面, 再前添4得下行
4, 9, 5, 8, 6, 10, 7	将7移到最前面, 再前添3得下行
3, 7, 4, 9, 5, 8, 6, 10	将10移到最前面, 再前添2得下行
2, 10, 3, 7, 4, 9, 5, 8, 6	将6移到最前面, 再前添1得下行
1, 6, 2, 10, 3, 7, 4, 9, 5, 8	将8移到最前面得下行
8, 1, 6, 2, 10, 3, 7, 4, 9, 5	

因此, 卡片最初的叠放次序是: 8, 1, 6, 2, 10, 3, 7, 4, 9, 5.

例 13 有一筐苹果, 把它们三等分后还剩 2 个苹果, 取出其中两份, 将它们三等分后还剩 2 个苹果; 然后再取出其中两份, 又将这两份三等分后还剩 2 个苹果, 问: 这筐苹果至少有几个?

解: 最后剩下的 2 个苹果, 它们是把某两份苹果三等分后剩下的. 换句话

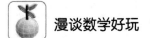
说，把所剩的 2 个苹果与三等分的三份苹果放在一起，应是上一轮分割中的两份. 所以这个总数必须能被 2 整除. 题中又问这筐苹果"至少"有几个，从而上述总数又应尽可能小. 三份苹果中，若每份有 1 个苹果，于是三份便是 3 个. 2+3=5，但 5 不能被 2 整除，所以每份不应只有一个苹果. 退而求其次：设三份苹果中每份是 2 个，从而三份共 6 个，2+6=8，于是可设上一轮中共有 2+3×4=14（个）苹果. 14 个又是第一轮分割时三等分中的 2 份，从而依题意可得，最初的苹果应有 2+3×7=23（个）.

用倒推法可见，原有苹果数是

$$2+\frac{3}{2}\times\left[2+\frac{3}{2}\times(2+3\times2)\right]=2+\frac{3}{2}\times(2+12)=23.$$

例 14 100 个人站成一排，自 1 起报数，凡报奇数者离队，留下的再次自 1 起报数，凡报奇数者又离队. 这样反复下去，最后留下一个人. 问这个人第一次报的数为多少.

解：若按问题的原次序，第一轮报数后划掉报奇数者，第二轮报数后再划掉报奇数者，如此下去，很快就会视线混乱，找不出头绪. 现若逆向思考，可知最后留下者在倒数第一轮必报 2，在倒数第二轮必报 4，在倒数第三轮必报 8，在倒数第四轮必报 16，……于是，极易得出，倒推过去之前此人报的数是 32，64（下面的 128 大于 100），所以这个人第一次报的数为 64.

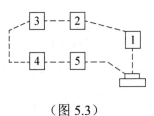

（图 5.3）

例 15 司机按图 5.3 中的路线开车从学校出发到五个车站接学生到校，第一站有一些学生上车，以后每站上车的人数都是前一站上车人数的一半. 问车到学校时，车上最少有多少个学生？

解：第一站上多少学生不知道，只知每站上车的人数都是前一站上车人数的一半. 问车到学校时，车上最少有多少学生？不妨从后往前想：因为每站都有学生上车，所以第五站至少有 1 个学生上车. 假设第五站只有一个学生上车，那么第四、三、二、一站上车的人数分别是 2，4，8，16. 因此五个站上车的人数共有 1+2+4+8+16=31（个）.

很明显，如果第五站有不只一个学生上车，那么上车的总人数一定多于 31 个. 因此车上最少有 31 个学生.

例 16　小明每分钟吹一次肥皂泡，每次恰好吹出 100 个. 肥皂泡吹出 1 分钟有一半破了，经过 2 分钟还有 $\frac{1}{20}$ 没破，经过 2.5 分钟后这批肥皂泡就全都破了. 小明吹完第 100 次时，没有破的肥皂泡共有多少个？

解：从前往后算，不但计算量大，而且会做很多无用功. 因为小明吹完第 100 次时，前面的绝大部分肥皂泡都破了. 所以从后往前倒着算，只考虑最后的两三次就可以了.

最后一次吹的 100 个全没破；

第 99 次吹的到第 100 分钟时已经过了 1 分钟，只剩下 $100 \times \frac{1}{2} = 50$ 个没破；

第 98 次吹的到第 100 分钟时已经过了 2 分钟，只剩下 $100 \times \frac{1}{20} = 5$ 个没破；

第 97 次吹的到第 100 分钟时已经过了 3 分钟（超过 2.5 分钟），已经全破了；因此，从第 1 到第 96 次吹的肥皂泡也已经全破了.

因此，小明吹完第 100 次时，没有破的肥皂泡共有 100+50+5=155（个）.

例 17　面前有 30 个球. 甲、乙两人依次轮流取球，每人每次只能取 1 个、2 个或 3 个球. 谁取到最后一个球谁就获胜. 甲先取球，问甲必胜的策略.

解：在这个游戏中，若从初始状态向目标状态考虑，甲第一次可取 1 个、2 个或 3 个球，乙对甲的每一状态，都可以对应取 1 个、2 个或 3 个球，这样就有 9 种选择，很难判断哪种选择是正确的，如果我们把所有的可能性都考虑一遍，工作量会很大. 相反，如果我们从目标状态出发倒过来推溯，问题就容易解决了. 甲要取胜就必须取到第 30 个球，为达到此目的，前面甲就必须取到第 26 个球、第 22 个球、第 18 个球、第 14 个球、第 10 个球、第 6 个球、第 2 个球. 所以甲先取 2 个球，接着乙取 1 个、2 个或 3 个球，甲就对应取 3 个、2 个或 1 个球，因此甲就依次可取到第 6 个球、第 10 个球、第 14 个球、第 18 个球、第 22 个球、第 26 个球，最后取到第 30 个球，从而甲获胜.

例 18　甲、乙、丙三堆棋子共 98 颗. 小文先将甲堆的棋子分给乙、丙两堆，使乙、丙两堆的棋子数各增加一倍. 再把乙堆的棋子照上面那样分给甲、丙两堆，最后又把丙堆的棋子仍照上面那样分给甲、乙两堆. 结果甲堆棋子数是丙堆棋子数的 $\frac{4}{5}$，乙堆棋子数是丙堆棋子数的 $1\frac{7}{15}$. 问：原来每堆各有多少颗棋子？

解：这三堆棋子多次移来移去，关系十分复杂. 但是这三堆棋子的总颗数始终没变. 首先依题目的条件求出最后一组甲、乙、丙堆的棋子数，然后再向前推.

设丙堆是 1，则丙堆棋子数为 $98 \div (1 + \frac{4}{5} + 1\frac{7}{15}) = 98 \div 3\frac{4}{15} = 98 \times \frac{15}{49} = 30$（颗）.

此时甲堆有 $30 \times \frac{4}{5} = 24$（颗）棋子，乙堆有 $30 \times 1\frac{7}{15} = 44$（颗）棋子.

有了最后一次三堆的棋子数，就不难推出原来各堆的棋子数了. 列表如下：

	甲	乙	丙
最　　　　　后	24	44	30
第 三 次 变 化 前	12	22	64
第 二 次 变 化 前	6	60	32
第 一 次 变 化 前	52	30	16

因此原来甲堆有 52 颗棋子，乙堆有 30 颗棋子，丙堆有 16 颗棋子.

例 19　我们对自然数做如下的运算：是奇数，加 1；是偶数，除以 2；并对每次的结果都按这个规则处理. 例如，对自然数 35 处理如下：35+1=36，36÷2=18，18÷2=9，9+1=10，10÷2=5，5+1=6，6÷2=3，3+1=4，4÷2=2，2÷2=1. 经过 10 次运算得到 1。问：经过 11 次运算得到 1 的自然数共有多少个？

解：若按一般思路，从众多的自然数中逐一找到符合题目要求的数，好似大海捞针，难度很大！我们倒过来想："1"是"2"除以 2 得到的，而"2"又是"4"除以 2 得到的. 它们都只有一种情况，无其他选择. 而"4"可以是"8"除以 2 得到的，也可以是"3"加 1 得到的. 再看"8"，它又有两种得到可能：即 16÷2 或 7+1，而"3"却只有一种得到可能：6÷2. 有了以上几次分析，我们发现了一个规律：凡大于"4"的偶数，它们都有两种得到可能，或更大的偶数除以 2，或奇数加 1；而一个奇数，只能是某一个偶数除以 2 这一种方式得到.

为了便于观察，画出如图 5.4 所示的示意图.

从中不难看出规律：可得到该数的个数从第 3 个数起，每个数都是它前面两个数的和. 这是斐波那契数的规律。

至于"经过 11 次运算就得到 1 的自然数共有多少个"，只要写出这组数列的第 11 项就行了：1，1，2，3，5，8，13，21，34，55，89。

因此这样的自然数共有 89 个.

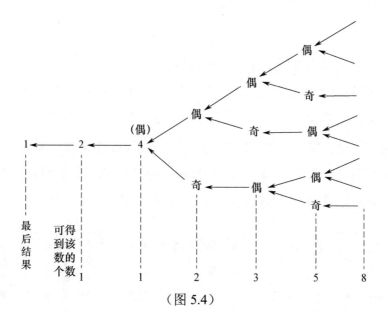

（图 5.4）

5.3　不变量

客观的数量在不断变化，变化中总有些保持不变的量，这对我们认识规律很有好处．比如三角形内角和等于$180°$，就是在三角形变化过程中保持不变的量．两个相邻自然数是互质的，这个性质是不变性．掌握这些不变性、不变量，对我们解题是很有帮助的．

例 20　图 5.5 是△ABC，以它的三个顶点为圆心，画三个半径为 2 厘米的小圆．求图中三个阴影的总面积．

解：注意到三角形内角和等于$180°$，是个不变量．过 A 点画一条平行于 BC 的线 DE，如图 5.6 所示．因为∠4＝∠2，∠5＝∠3，故三个阴影的总面积＝$\frac{1}{2}\times\pi\times2^2\approx6.28$（平方厘米）．

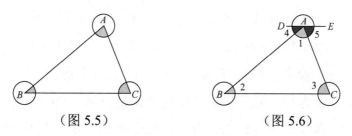

（图 5.5）　　　　（图 5.6）

例 21　将 1, 2, 3, 4, 5, 6, 7, 8 任意排成一个 8 位数，那么这个 8 位数一定

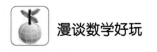

是合数.

提示：数字和是不变量，可以被 3 整除！

例 22 有如图 5.7 所示的 12 张扑克牌，2 点、6 点、10 点各四张. 你能从中选出七张牌，使其上面点数之和恰好等于 52 吗？请说明理由.

解：我们发现，所给 12 张牌中的每张牌的点数都是被 4 除余 2 的数. 其中任意七张牌点数之和仍是被 4 除余 2 的数，而 52 可以被 4 整除（余数是 0），所以无论如何从中选取的七张牌点数之和都不会等于 52.

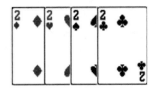 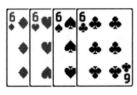 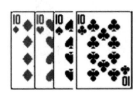

（图 5.7）

例 23 有两堆石子，进行如下操作：要么从一堆石子中取若干枚石子放入另一堆，要么从每堆中拿相同数目的石子扔掉（每次操作扔掉的数目可以改变）. 若开始时两堆石子中一堆有 200000 枚，另一堆有 191997 枚. 问：经过若干次操作后，能否将两堆石子同时都扔掉？

解：由于 200000 + 191997 是个奇数，而每次操作最多扔掉一个偶数，两堆石子数的和仍是个奇数不变. 所以永远不能变为两堆石子数的和是个偶数的状态，当然更不会出现两堆石子数的和是 0 这个偶数（两堆石子同时都扔掉）的状态.

例 24 输液溶液 100 毫升，每分钟输 2.5 毫升. 请你观察第 12 分钟时图 5.8 中的数据，回答整个吊瓶的容积是多少毫升.

解：开始吊瓶的容积与溶液都是不变量. 吊瓶在正放时，液体在 100 毫升线下方，上方是空的，容积是多少不好计算. 但倒过来后，变成圆柱体，根据标示的格子就可以算出来.

由于每分钟输 2.5 毫升，12 分钟输了 2.5×12 = 30（毫升），因此开始输液时液面应与 50 毫升的格线平齐，上面空的部分是 50 毫升的容积. 所以整个吊瓶的容积是 100 + 50 = 150（毫升）.

（图 5.8）

例 25 如图 5.9 所示，大小两个半圆，它们的直径在同一直线上，弦 AB 与小半圆相切，且与直径平行，弦 AB 长 12 厘米. 求图中阴影部

分的面积．（$\pi = 3.14$）

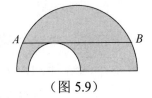

解：将小半圆的直径沿大半圆的直径平移，在平移过程中，阴影部分的面积始终等于这两个半圆的面积之差，不会发生变化．为了便于计算，经过适当平移，使得小半

（图 5.9）

圆的圆心与大半圆的圆心重合于点 O，如图 5.10 所示。这样，弦 AB 仍与小半圆相切于点 D．现在，一方面，半圆的面积是圆面积的一半，圆的面积等于圆周率乘半径的平方；另一方面，利用"勾股定理"，即直角三角形斜边的平方等于两直角边的平方和，可知大半圆半径的平方与小半圆半径的平方之差等

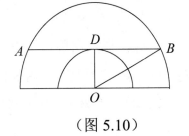

（图 5.10）

于弦 AB 的一半的平方，这样就能算出阴影部分的面积．

设两半圆的圆心重合于 O 点，弦 AB 与小圆切于 D 点，

$$S_{环} = \frac{1}{2}S_{大} - \frac{1}{2}S_{小} = \frac{1}{2}\pi R_{大}^2 - \frac{1}{2}\pi R_{小}^2 = \frac{1}{2}\pi(OB^2 - OD^2)$$

$$= \frac{\pi}{2} \times BD^2 = \frac{3.14}{2} \times \left(\frac{12}{2}\right)^2 = 3.14 \times 18 = 56.52（\text{平方厘米}）.$$

因此阴影部分的面积等于 56.52 平方厘米.

例 26　有一列数：$1, 1, 2, 3, 5, 8, 13, 21, 34, 55, 89, \cdots$ 它的构成规律是：前两个数分别是 1，从第三个数开始，每个数都是它前面两个数的和．问这列数中的第 2005 个数被 7 除的余数是几．

解：依次写出这列数被 7 除所得的余数列：

1, 1, 2, 3, 5, 1, 6, 0, 6, 6, 5, 4, 2, 6, 1, 0, 1, 1, 2, 3, 5, $\cdots$

观察可知，从第 1 个数起每隔 16 个数就会出现循环，即余数是以 16 为周期的．

而 $2005 = 16 \times 125 + 5$，所以第 2005 个数被 7 除的余数与第 5 个数被 7 除的余数相同，等于 5.

例 27　一串数排成一行，它们的规律是：头两个数都是 1，从第三个数开始，每个数都是前两个数的和．问这串数的前 100 个数中（包括第 100 个数），有多少个偶数？

解：这串数是1,1,2,3,5,8,13,21,…,观察一下已经写出的数就会发现，每隔两个奇数就有一个偶数，如果再算几个数，会发现这个规律仍然成立. 这个规律是不难解释的：因为两个奇数的和是偶数，所以两个奇数后面一定是偶数. 另一方面，一个奇数和一个偶数的和是奇数，所以偶数后面是一个奇数，再后面还是奇数. 这样，一个偶数后面一定是连续的两个奇数，而这两个奇数后面一定又是偶数，等等.

因此，偶数出现在第3、第6、第9……第99个位置上（不变性）. 所以偶数的个数等于100以内3的倍数的个数，它等于99÷3=33.

例28 自然数 a 的数字从左到右每位数都在递增. 问 $9a$ 的数码和等于多少.

解：$9a = 10a - a$ ，$9a$ 的数码和等于 $10a$ 的数码和与 a 的数码和的差再加9. 即 $9a$ 的数码和等于9. 理由如下：

数字从左到右每位都是递增的自然数 a，比如 125，2679 等可以写出很多，最大的一个是 123456789.

不失一般性，设 $a = \overline{a_1 a_2 a_3 a_4 a_5}$ ，其中，$a_1 < a_2 < a_3 < a_4 < a_5$.

则 $9a = 10a - a$ ，我们用竖式计算减法.

注意：个位不够减时需向十位借 1 当 10，得 $(10 - a_5)$ ，这时十位成为 $(a_5 - 1 - a_4)$ ，

因为 $a_5 > a_4$ ，所以 $a_5 - 1 \geqslant a_4$ ，故 $a_5 - 1 - a_4 \geqslant 0$. 其余各数位的差都是非 0 数码.

	a_1	a_2	a_3	a_4	a_5	0	$\longleftarrow 10a$
$-$		a_1	a_2	a_3	a_4	a_5	$\longleftarrow a$
	a_1	(a_2-a_1)	(a_3-a_2)	(a_4-a_3)	(a_5-1-a_4)	$(10-a_5)$	$\longleftarrow 9a$

所以 $9a$ 的数码和等于

$$a_1 + (a_2 - a_1) + (a_3 - a_2) + (a_4 - a_3) + (a_5 - 1 - a_4) + (10 - a_5) = 10 - 1 = 9.$$

因此如果自然数 a 的数字从左到右数是递增的，则 $9a$ 的数码和一定等于9.

由于"$10a$ 的数码和与 a 的数码和"相等，它们的差为 0，因此，上面的结论可概括为如下的一句话：$9a$ 的数码和等于 $10a$ 的数码和与 a 的数码和的差再加9.

第 6 讲　几种常见的数学思维方法①

从思维的基本成分方面对数学思维进行分类，可分为数学形象思维、数学逻辑思维和数学直觉思维三大类．在认识数学规律、解决数学问题的过程中，还常常使用由其自身特点所形成的一些数学思维方式、方法，主要有类化思维、配对思维、函数思维、空间思维、程序思维、整体思维、极端思维、逆向思维和构造思维等．

6.1　以求同为依据的类化思维

在形式逻辑中，分类是揭示概念外延的一种逻辑方法．分类，一要有分类标准，二要既不遗漏又不重复．比如对全体正整数，按能否被 2 整除为标准可以分为奇数与偶数两大类；按正约数的个数可以分为单位 1（1 个正约数）、质数（2 个正约数）和合数（正约数的个数 ≥3）三类；三角形可以按直角三角形、锐角三角形和钝角三角形三类进行讨论；实数有时按正数、负数与零三类进行研究，有时按有理数与无理数两大类进行分析．这些都是数学中常见的类化思维的例子．

分类方法在数学上的直接表现是集合的划分．研究复杂的数学对象，往往把具有共同性质的部分分为一类，形成数学上很有特色的思维方法——类化思维．

设对象为集合 M ，$M_1, M_2, \cdots, M_k$ 为其子部分．

若 $M = \bigcup_{i=1}^{k} M_i$ 且 $M_i \bigcap M_j = \varnothing$ ，$(i \neq j, i, j = 1, 2, 3, \cdots, k)$ ，则称 $M_1, M_2, \cdots, M_k$ 为 M 的一个划分．若对每个 M_i 都认识清楚了，那么 M 的规律一般说来也就容易概括了．俗语说的"物以类聚，人以群分"，就体现了类化思维的道理．

① 本文 2012 年 9 月 27 日在第八届数学方法论会议上的报告，后整理发表在《数学传播》38 卷第 1 期

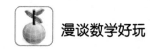

有人说，不会正确分类就不可能学好数学，这是非常有道理的. 分类思想在中小学数学中非常有用，主要体现在分类或分情况讨论.

例 1 商店的糖果有 3 千克及 5 千克两种包装，货源充足保证供应. 求证：凡购买 8 千克和 8 千克以上的整数千克的糖果，售货员都不需要拆包就可交付.

分析：这个问题转化为纯数学问题就是对于一个自然数 $N \geqslant 8$，一定存在非负整数 m, n，使得 $N=3m+5n$ 成立.

证明：对自然数 $N \geqslant 8$，按被 3 除的余数分类讨论：

（1）若 $N = 3k(k \geqslant 3)$，这时给顾客 k 包 3 千克包装的糖果即可.

（2）若 $N = 3k + 1(k \geqslant 3)$，因为 $3k + 1 = 3(k-3)+2 \times 5$，所以给顾客 $(k-3)$ 包 3 千克包装的糖果及 2 包 5 千克包装的糖果即可.

（3）若 $N = 3k - 1(k \geqslant 3)$，因为 $3k - 1 = 3(k-2)+1 \times 5$，所以给顾客 $(k-2)$ 包 3 千克包装的糖果及 1 包 5 千克包装的糖果即可.

综上讨论表明，对任意购买不小于 8 千克的整数千克的糖果，都可以用 3 千克及 5 千克的包装，售货员不用拆包就可完成交付.

例 2 证明：平面上不过 $\triangle ABC$ 顶点的直线至多与 $\triangle ABC$ 的两边相交.

证明：设 $\triangle ABC$ 所在平面为 α，l 是 α 上不过 A, B, C 的一条直线. 显然，直线 l 将平面分为两个半平面，l 下方的部分记为（I），l 上方的部分记为（II）. 将（I）、（II）看作两个抽屉，由抽屉原则可知，（I）、（II）中有一个至少含有 A, B, C 中两点. 为方便起见，不妨设（I）中至少含有 B、C 两点，显然线段 BC 与 l 没有公共点. 即 l 与 $\triangle ABC$ 的 BC 边不相交. 因此可以断言，l 至多与 $\triangle ABC$ 的 AB, AC 两边相交.

例 3 平面上的五个点，任三点不共线. 一定存在其中的四个点为一个凸四边形的四个顶点.

分析：平面上的五个点，任三点不共线. 五个点在平面上的分布有无穷多种情况，如何入手呢？不妨把点的分布分成几类，关键是确定好分类标准. 可以按包围这五个点的"最小的凸多边形"的形状分为 3 类：（1）包围这五个点的"最小的凸多边形"是凸五边形；（2）包围这五个点的"最小的凸多边形"是凸四边形；（3）包围这五个点的"最小的凸多边形"是三角形.

若五个点是一个凸五边形的五个顶点，那么其中的任意四个点就是一个凸四边形的四个顶点（如图 6.1（a）所示）．

若有四个点是某个凸四边形的四个顶点，显然，另一点在这个凸四边形内（如图 6.1（b）所示）．

若有三个点是某个三角形的三个顶点，另两个点在这个三角形内，比如，D,E 两点在 $\triangle ABC$ 内（如图 6.1（c）所示），连接 DE 与 AB,AC 相交，不与边 BC 相交，则 B,C,D,E 就是一个凸四边形的四个顶点．

问题解决了，人们将包围一个平面点集的"最小的凸多边形"叫作这个平面点集的"凸包"，于是，由对平面点集的分类产生了平面点集的"凸包"的概念．平面点集的"凸包"就成为对平面点集分类的一种思维方法．

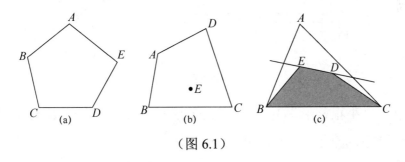

（图 6.1）

6.2　一一对应的配对思维

原始人以狩猎、采摘野果为生．对获得的猎物和果实，需要一定的记数方法，比如，打来一个猎物就存放一颗石子，最后，数一数堆放的石子的个数就可以知道猎物的总数．由于石子堆放容易散乱，改成"结绳记数"就更为实用了．在人类的记数过程中，逐渐形成了"一一对应"的配对思维．一一对应的概念在现代数学中扮演着重要的角色．

对有限集合 S 中的元素个数，我们记为 $|S|$．

设 A 与 B 是两个有限集合，如果 A 与 B 之间能建立一一对应的关系（存在 A 到 B 的一一映射），则 $|A|=|B|$（两个集合元素个数相等）．

例 4　图 6.2（a）是一个围棋盘．它由横竖各 19 条线组成．围棋盘上有多少个与图 6.2（b）的小正方形一样的正方形？

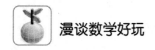

解：我们先在图 6.2（b）中的小正方形上找一个代表点 E（右下角）．然后将小正方形按照题意放在围棋盘图 6.2（a）上，仔细观察．

（1）点 E 只能在围棋盘右下角的正方形 $ABCD$（包括边界）的格子点上．

（2）反过来，右下角正方形 $ABCD$ 中的每一个格子点都可以作为小正方形的点 E，且只能作为一个小正方形的点 E．

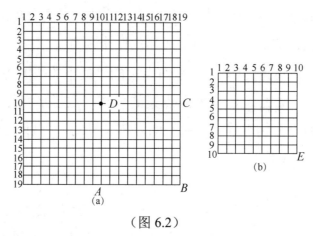

（图 6.2）

这样就将"小正方形"与正方形 $ABCD$ 中的格子点一一配对了．容易看出正方形 $ABCD$ 中的格子点共 $10×10=100$（个）．

所以图 6.2（a）中有 100 个与（b）一样的正方形．

例 5 圆周上有 $n(n \geqslant 4)$ 个点，用直线段将它们两两相连，形成圆的弦，问：这些弦在圆内的交点最多有多少个？

分析：易知，在"这些弦中任三条不共点"的条件下，这些弦在圆内的交点个数最多．但交点个数如何计算呢？我们不妨分析一下，交点是如何产生的？圆上任四个点连成的四边形的对角线有一个交点（如图 6.3 所示），反之，两条弦在圆内的交点对应这两条弦的四个端点（圆上四边形的四个顶点），建立了这个一一对应关系后可立刻求得这些弦在圆内的交点数最多为 C_n^4 个．

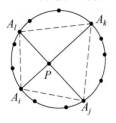

（图 6.3）

例 6 从 8×8 的棋盘上剪掉对角上的两个方格（如图 6.4 所示）．这个缺角棋盘能用 31 张 1×2 的矩形骨牌覆盖住吗？

分析：动手试一试，可以发现这个缺角棋盘不能用 31 张 1×2 的矩形骨牌覆盖住．因此猜想，这个缺角棋盘不能用 31 张 1×2 的矩形骨牌覆盖住！于是试着分析其中的道理.

　　理由如下：将这个缺角棋盘的方格黑白相间地染色，可得 32 个黑格，30 个白格（如图 6.5 所示）. 而一个 1×2 的矩形骨牌覆盖住的小方格恰是 1 黑、1 白. 如果这个缺角棋盘能用 1×2 的矩形骨牌覆盖住，则黑格与白格的个数相等. 与 32 个黑格，30 个白格的事实矛盾！

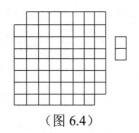
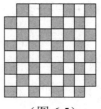

（图 6.4）　　　　　　　　　　（图 6.5）

　　所以，这个缺角棋盘不能用 31 张 1×2 的矩形骨牌覆盖住！

　　例 7　证明：任何六个人的聚会，其中总有三个人彼此相识或彼此不相识.

　　分析：要证明这一结论，我们可以把六个人用平面内的六个点 A、B、C、D、E、F 表示（如图 6.6 所示），设它们无三点共线的，并约定每两个相识者的点之间用实线连接，不相识者的点之间用虚线连接. 这样原问题就等价转化为"在 15 条线段中总存在完全由实线段或完全由虚线段组成的三角形（简称为实三角形或虚三角

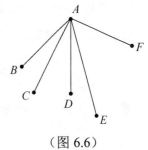

（图 6.6）

形）". 现在不妨取 A 点来考察. 将 A 点同其余五个点连接，其中至少有三条同虚或同实，不妨设 AB、AC、AD 同为实线. 再考察 B、C、D 这三点之间的连接情况，不难发现，无论用实线连接或虚线连接，都必然会出现一个实三角形或虚三角形.

　　本题的思维特点是六个人 $\{a,b,c,d,e,f\}$ 与六个点 $\{A,B,C,D,E,F\}$ 建立了一一对应关系：$a \leftrightarrow A; b \leftrightarrow B; c \leftrightarrow C; d \leftrightarrow D; e \leftrightarrow E; f \leftrightarrow F$.

　　两人相识 $\leftrightarrow$ 对应的两点连实线；两人不相识 $\leftrightarrow$ 对应的两点连虚线.

　　因此，3 个人两两相识 $\leftrightarrow$ 对应三点为顶点的三角形为实三角形；

　　3 个人两两不相识 $\leftrightarrow$ 对应三点为顶点的三角形为虚三角形.

　　这样就使 6 个人相识关系的问题等价转化为平面中 6 个点的关系问题，从而应用对平面点集的讨论证明了这个初看起来很难处理的问题.

正如数学家指出的：在两个集合之间建立一一对应关系，并进一步研究由这些关系所引出的命题，可能是现代数学的中心思想。[①]

6.3 以运动为特点的函数思维

数学所研究的往往是运动变化着的量及其相互之间的关系，而这主要是利用函数（或映像）来实现的. 运用函数（或映像）概念和性质来认识数学规律、解决数学问题的数学思维就是函数思维. 函数思维的特点是对数学对象及其性质之间一般的和个别的相互关系具有动态认识. 正如德国数学教育家、哥廷根数学学派领袖克莱因所说："一般受教育者在数学课上应该学会的重要的事情是用变量与函数来思考." 可见函数思维在数学思维中的重要地位.

例8 一个四面体中有五条棱的长都是1，求这样的四面体的体积的最大值.

分析： 设另一条棱的长为 x，显然四面体的体积只随着棱长 x 的变化而变化，因此体积值是关于 x 的函数 $F(x)$，其定义域为 $(0,\sqrt{3})$，如图 6.7 所示. 四

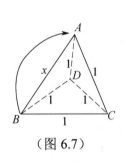

（图 6.7）

面体的底面积（$\triangle BCD$ 的面积）为定值 $\dfrac{\sqrt{3}}{4}$，所以其体积由 A 点到底面 $\triangle BCD$ 的距离来决定，将侧面 $\triangle ACD$ 以 CD 为轴旋转，在运动变化中对四面体的体积进行考察. 当侧面 $\triangle ACD$ 与底面垂直时，A 点到底面 $\triangle BCD$ 的距离最大，这个距离等于 $\dfrac{\sqrt{3}}{2}$，所以四面体的体积的最大值为 $\dfrac{1}{3} \cdot \dfrac{\sqrt{3}}{4} \cdot \dfrac{\sqrt{3}}{2} = \dfrac{1}{8}$.

例9 点 P 从 O 出发，按逆时针方向沿周长为 l 的图形运动一周，O,P 两点间的距离 y 与点 P 走过的路程 x 之间的函数关系如图 6.8 所示. 那么点 P 所走过的图形是（　　）.

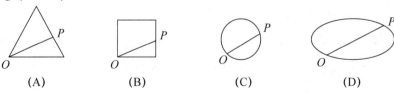

(A)　　　　　(B)　　　　　(C)　　　　　(D)

分析： 由于在四个选项中选取答案，不妨采用排除法. （A），（B）选项对

应的图像在开始阶段应是直线 $y = x$ 的一部分，不会是曲线，故（A），（B）应排除；（D）图中 O 点不在长（短）轴的端点时，图像是不对称的，（D）也应排除；所以只能选（C）．事实上，对于圆来讲，O，P 两点间的距离 y 与点 P 所走过的路程 x 之间的函数关系的图像恰好如图 6.8 所示．

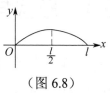

（图 6.8）

例 10　试确定方程 $3\sqrt{x^2-9}+4\sqrt{x^2-16}+5\sqrt{x^2-25}=\dfrac{120}{x}$ 的解集.

分析：方程 $3\sqrt{x^2-9}+4\sqrt{x^2-16}+5\sqrt{x^2-25}=\dfrac{120}{x}$ 的定义域为 $x \geqslant 5$.

在 $[5,+\infty)$ 上，左边 $y_1=3\sqrt{x^2-9}+4\sqrt{x^2-16}+5\sqrt{x^2-25}$ 严格单增，右边 $y_2=\dfrac{120}{x}$ 严格单减，所以 y_1 与 y_2 有且只有一个交点，即方程 $3\sqrt{x^2-9}+4\sqrt{x^2-16}+5\sqrt{x^2-25}=\dfrac{120}{x}$ 有且只有一个解.

试算易知，$x = 5$ 满足方程 $3\sqrt{x^2-9}+4\sqrt{x^2-16}+5\sqrt{x^2-25}=\dfrac{120}{x}$，因此方程 $3\sqrt{x^2-9}+4\sqrt{x^2-16}+5\sqrt{x^2-25}=\dfrac{120}{x}$ 的解集是 $\{5\}$.

例 11　设 a,b,c 两两不等，证明：$\dfrac{bc}{(a-b)(a-c)}+\dfrac{ca}{(b-c)(b-a)}+\dfrac{ab}{(c-a)(c-b)}=1$.

分析：将左边通分化简来论证，方法繁琐．我们从变量 x 的函数观点来考虑，构造辅助方程 $\dfrac{(x-b)(x-c)}{(a-b)(a-c)}+\dfrac{(x-c)(x-a)}{(b-c)(b-a)}+\dfrac{(x-a)(x-b)}{(c-a)(c-b)}=1$. (*)

这是关于 x 的不超过二次的方程，容易验证，它有三个不同的根 $x=a,x=b,x=c$．故（*）式是关于 x 的恒等式，即对于任何 x 值，（*）式均成立．特别地，取 $x=0$，就得出了所求证的恒等式．

一般地，要解某一数学问题，可以根据所给条件建立适当的函数关系，把它转化为一个已经会解的问题，或把它转化为另一个数学问题，当解出这个问题以后，把所得结果反回去（利用反函数）就可以得到原来问题的解．如借助坐标法把几何问题转化为（利用映像）代数问题，然后运用代数方法解决这个代数问题，把所得结果反回去（利用逆映像）就可以得到原来几何问题的解．这些都是运用函数思维的体现．

6.4 形状与方位的空间思维

在研究一些数学问题时，常需要运用有关的图形知识和丰富的空间想象来解决. 这种运用图形知识和空间想象来认识数学规律，解决数学问题的数学思维就是空间思维.空间思维的特点是善于在头脑中构成研究对象的空间形状和简略的结构，并能对实物所进行的一些操作，在头脑中进行相应的思考. 空间思维不仅在学习几何时常要用到，而且"还可以让大家借助于某种图形，来表达这样或那样的数学对象、操作以及这些对象间的关系，这种图形具有各式各样的特点".[①]

例 12 正方形的林场里面有白杨树和榆树. 小明从树林的西南角走入林场并向东行，见到一株白杨树就往北走，见到一株榆树就往东走，最后，小明走到了东北角上，共走了 2000 米. 问：正方形林场的面积是多少平方米？

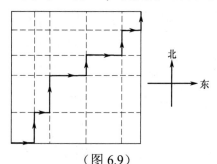

（图 6.9）

解：小明往北走的路程分了许多段. 但不管是多少段，可以想象到，各段距离的和正好是正方形南北方向的一条边长，为 1000 米；同样，小明往东走若干段距离的和也正好是东西方向的一条边长，为 1000 米，如图 6.9 所示.

所以，正方形面积等于 1000000 平方米.

例 13 一条白色的正方形手帕，它的边长是 18 厘米，手帕上横竖各有两个黑条，如图 6.10 左图阴影部分所示，黑条的宽都是 2 厘米. 问：这条手帕白色部分的面积是多少？

分析：容易看出，手帕中白色部分的面积等于手帕的总面积减去四个黑条覆盖的面积. 然而黑条的面积又有重叠，直接计算较为复杂. 有没有较简单的办法呢？我们设想，将竖着的两个黑条向左平移紧贴在一起，并与正方形的左边界重合，将横着的两个黑条向下平移紧贴在一起，并与正方形的下边界重合，如图 6.10 右图所示. 这样平移后白色部分的总面积不变，等于边长为 14 的正方形的面积，为 196 平方厘米.

[①] [苏]奥加涅相：《中小学数学教学法》第132页，测绘出版社，1983年.

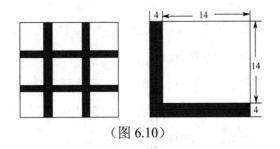

（图 6.10）

例 14　图 6.11 中大正方形的边长等于 10 厘米，小正方形的边长等于 3 厘米．这个"回字形"既是一个多面体的俯视图，也是这个多面体的正视图．问：这个多面体的最大体积是多少立方厘米？

解：发挥空间想象力，由于这个"回字形"既是一个多面体的俯视图，也是这个多面体的正视图，想象出这个多面体体积最大时的左视图应如图 6.12 所示，多面体如图 6.13 所示．

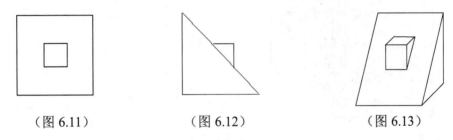

（图 6.11）　　　　（图 6.12）　　　　（图 6.13）

其体积为 $\frac{1}{2}\times10^3+\frac{1}{2}\times3^3=500+13.5=513.5$（立方厘米）．

例 15　请用六根火柴作出四个等边三角形，使三角形的每边由一根火柴构成．

分析：在解决这个问题时，由于一般三角形是平面的，材料也是在平面上出现的，大多数人都在平面上做种种尝试．在多次尝试失败以后，有的人逐渐做出对条件和要求之间联系的深入分析，例如，有的人说："三角形有 3 条边，四个三角形要有 12 条边．但火柴只有 6 根，这就意味着每根火柴都要作为两个三角形的公共边．"这个考虑方向促使大家从立体方面寻找解决的办法．

综合分析是思维活动的主要环节．它使客体显露出新的方面，客体参加到新的联系中，新的性质就表现出来了．这样，通过综合分析就可得出新的想法：

（图 6.14）

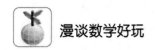

"每个边都是公共边"的实现，只有在空间图形之中，把六根火柴摆成一个正四面体才可以（如图 6.14 所示）.

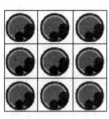

（图 6.15）

例 16 在 $3 \times 3 \times 3$ 的正方体玻璃支架上有 27 个单位立方体空格. 每个单位立方体空格中至多可放一个彩球. 要使主视图、俯视图、左视图都如图 6.15 中所示. 问正方体支架上至少需要放多少个彩球？请你放置出来.

答：至少放 9 个彩球.

一种放法如图 6.16 所示，表格表示的是在空间直角坐标系中每个小球的坐标.

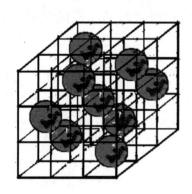

	(x,y,z)		
上层	(1,3,3)	(2,1,3)	(3,2,3)
中层	(1,1,2)	(2,2,2)	(3,3,2)
下层	(1,2,1)	(2,3,1)	(3,1,1)

（图 6.16）

6.5 以排序为手段的程序思维

在日常生活中，一个班的新同学按个子高矮排成一队，这实际是按身高排序；人们在车站前排队等公共汽车，这是按到车站的先后次序排序. 将无序的状态整理有序，可使我们更好地处理问题.

在数学中，任给两个有理数，我们可以比较它们的大小. 同样，任给两个实数，我们也可以比较它们的大小，这称为实数的有序性. 因此，给定 a_1, a_2, …, a_n 这 n 个实数，我们一定可以按量值将它们由小到大排成一列，只要给出 n 个实数，它们在量值大小上的序也就确定了. 有时题目中没有明确指出大小次序，这时，我们"不妨设这 n 个实数是 $a_1 \leqslant a_2 \leqslant a_3 \leqslant \cdots \leqslant a_{n-1} \leqslant a_n$"，将次序关系揭示出来，这样可以为解题创造很多便利条件，使分类讨论变得简洁，条理清晰. 例如，三条线段 a, b, c 能够构成三角形三边的充分必要条件是：

$$\begin{cases} a < b+c \\ b < c+a \\ c < a+b \end{cases}$$

如果我们将线段 a, b, c 按长度大小排序为 $c \leqslant b \leqslant a$，则线段 a, b, c 能构成一个三角形三边的充分必要条件就可简化为 $a < b+c$.

下面举例示范排序思想在解题中的应用.

例 17　平面上给定 7 个不同的点. 试证：一定可以画一个圆，使圆内部恰有 4 个点，圆外部有 3 个点.

其实，我们只要确定所画圆的圆心与半径就可以了. 设 7 个点为 $P_1, P_2, P_3,$ P_4, P_5, P_6, P_7，将它们两两连接共计 21 条线段：$P_1P_2, P_1P_3, \cdots, P_1P_7, P_2P_3, \cdots,$ P_6P_7，分别作这 21 条线段的垂直平分线 $l_{ij}(i, j = 1, 2, 3, 4, 5, 6, 7, i \neq j)$.在平面上取不在这 21 条直线 l_{ij} 上的一点 O，则由线段垂直平分线的性质可知，O 到 $P_1,$ $P_2, P_3, P_4, P_5, P_6, P_7$ 的距离两两不等. 不失一般性，我们设

$$OP_1 < OP_2 < OP_3 < OP_4 < OP_5 < OP_6 < OP_7 \text{（排序）}.$$

取 $r = \dfrac{1}{2}(OP_4 + OP_5)$，则 $OP_4 < r < OP_5$. 以 O 为圆心，r 为半径画 $\odot(O, r)$，则 $P_1,$ P_2, P_3, P_4 这 4 个点在该圆内部，P_5, P_6, P_7 这 3 个点在该圆外部.

例 18　七个采蘑菇的儿童共采了 100 个蘑菇. 其中任两个儿童采的蘑菇个数都不相等. 求证：一定有三个儿童采的蘑菇个数之和不少于 50.

设七个儿童采的蘑菇个数由多到少依次为 $a_1 > a_2 > a_3 > a_4 > a_5 > a_6 > a_7$（排序）.由 $a_1+a_2+a_3+a_4+a_5+a_6+a_7=100$，我们只需证明 $a_1+a_2+a_3 \geqslant 50$ 即可.

如果 $a_3 \geqslant 16$，则 $a_2 \geqslant 17, a_1 \geqslant 18$. 此时 $a_1+a_2+a_3 \geqslant 18+17+16 = 51 > 50$.

如果 $a_3 < 16$，则有 $a_3 \leqslant 15$. 此时 $a_4 \leqslant 14, a_5 \leqslant 13, a_6 \leqslant 12, a_7 \leqslant 11$.

于是 $a_4+a_5+a_6+a_7 \leqslant 14+13+12+11 = 50$.

所以 $a_1+a_2+a_3 = 100 - (a_4+a_5+a_6+a_7) \geqslant 100 - 50 = 50$.

综上所述，一定有三个儿童采的蘑菇的个数之和不少于 50.

例 19　如果正整数 x_1, x_2, x_3, x_4, x_5 满足 $x_1+x_2+x_3+x_4+x_5 = x_1x_2x_3x_4x_5$. 问：$x_5$ 的最大值是多少？

由于 x_i 的地位轮换对称，地位平等，易知 x_5 的最大值也就是 x_1, x_2, x_3, x_4 的最大值. 为确定起见，不妨设 $x_1 \leqslant x_2 \leqslant x_3 \leqslant x_4 \leqslant x_5$（排序），则

$$1 = \frac{1}{x_2 x_3 x_4 x_5} + \frac{1}{x_1 x_3 x_4 x_5} + \frac{1}{x_1 x_2 x_4 x_5} + \frac{1}{x_1 x_2 x_3 x_5} + \frac{1}{x_1 x_2 x_3 x_4}$$

$$\leqslant \frac{1}{x_4 x_5} + \frac{1}{x_4 x_5} + \frac{1}{x_4 x_5} + \frac{1}{x_5} + \frac{1}{x_4} = \frac{3 + x_4 + x_5}{x_4 x_5}.$$

于是得 $x_4 x_5 - x_4 - x_5 \leqslant 3$，即 $(x_4 - 1)(x_5 - 1) \leqslant 4$.

若 $x_4 = 1$，则 $x_1 = x_2 = x_3 = x_4 = 1$. 题设等式为 $4 + x_5 = x_5$，矛盾！

若 $x_4 > 1$，则 $x_5 - 1 \leqslant 4$，即 $x_5 \leqslant 5$.

当 $x_5 = 5$ 时，容易找到满足条件的一组数 $(1, 1, 1, 2, 5)$，所以 x_5 的最大值是 5.

例 20 给出 5 条线段，它们中任三条都能构成三角形. 则由这 5 条线段构成的三角形中至少有一个是锐角三角形.

直接找到哪三条线段可以构成锐角三角形是极为困难的！我们正难则反，不妨从反面入手分析. 我们只要说明：如果任三条都不能构成锐角三角形，则必会产生矛盾就可以了！

不妨设这五条线段的长度 a_1, a_2, a_3, a_4, a_5 满足 $a_1 \leqslant a_2 \leqslant a_3 \leqslant a_4 \leqslant a_5$（排序）.

假设这五条线段中任三条构成的三角形都不是锐角三角形，根据余弦定理，我们有：$a_3^2 \geqslant a_1^2 + a_2^2$，$a_4^2 \geqslant a_2^2 + a_3^2$，$a_5^2 \geqslant a_3^2 + a_4^2$.

三式相加得 $a_5^2 \geqslant a_1^2 + 2a_2^2 + a_3^2 \geqslant 2(a_1^2 + a_2^2) \geqslant (a_1 + a_2)^2$.

所以 $a_5 \geqslant a_1 + a_2$. 这与 a_1, a_2, a_5 三条线段可构成三角形的条件 $a_5 < a_1 + a_2$ 矛盾！所以，由所给的这 5 条线段任三条所构成的三角形中至少有一个是锐角三角形.

以上诸例，均由于对实数排序而为解题创设了有利的条件. 有人说，随着数学的发展，其研究的对象已经是模式和秩序了. 因此，排序的思想应从中、小学阶段逐步进行培养.

6.6　把握不变性的整体思维

整体与局部是对立统一的. 一般情况下，为了弄清楚整体，常把整体分为有限个部分，如果每个部分都弄清楚了，就便于综合概括得出整体的性质，使

问题得以解决. 然而, 有些问题局部情况相当复杂, 如果盲目进入局部探索, 往往会云里雾里. 此时, 如果能从整体上把握方向, 往往会找到问题的简明解法. 所谓整体思维就是从问题的整体性质出发, 发现问题及整体的结构特性, 从而得出局部结构和元素的特性. 就好像人进入林海中需要望北斗、看年轮 (或带上指南针) 掌握方向一样, 整体思维是帮我们解题的重要思维方式之一.

例 21　对 32541 这个五位数, 能否改变各个数字的位置, 使其变成一个质数?

许多学生的做法是先排除个位数是 2, 4, 5 的情况, 再考察剩下的 48 种情况, 用筛选法解决. 但有些直觉思维能力较强的学生, 则会从整体上对这五个数字考察一番, 由 3+2+5+4+1=15, 且 15 能被 3 整除, 所以由 3, 2, 5, 4, 1 五个数字组成的五位数必能被 3 整除, 不可能是质数. 于是, 便一眼看出了答案: 无论如何改变 32541 的数字位置, 都不能使之变为质数.

例 22　1024 名乒乓球选手用淘汰制比赛争夺单打冠军. 问: 应进行多少场比赛? 为什么?

解法一：每两人比赛一场, 第一轮要进行 $\dfrac{1024}{2}$ 场比赛, 第二轮要进行 $\dfrac{1024}{2^2}$ 场比赛, 第 3, 4, 5, 6, 7, 8, 9 轮分别要进行 $\dfrac{1024}{2^3}, \dfrac{1024}{2^4}, \dfrac{1024}{2^5}, \dfrac{1024}{2^6}, \dfrac{1024}{2^7}, \dfrac{1024}{2^8},$ $\dfrac{1024}{2^9}$ 场比赛, 第 10 轮要进行 $\dfrac{1024}{2^{10}}=1$ 场比赛, 最终决出冠军. 可见, 共应进行

$$\dfrac{1024}{2}+\dfrac{1024}{2^2}+\dfrac{1024}{2^3}+\dfrac{1024}{2^4}+\dfrac{1024}{2^5}+\dfrac{1024}{2^6}+\dfrac{1024}{2^7}+\dfrac{1024}{2^8}+\dfrac{1024}{2^9}+\dfrac{1024}{2^{10}}$$

$=512+256+128+64+32+16+8+4+2+1=1023$（场）比赛.

解法二：从整体思想考虑, 即从淘汰制看, 每场比赛总要淘汰一名选手, 现在要从 1024 名选手中决出冠军, 需淘汰 1023 名选手, 因此需要进行 1023 场比赛.

比较上面两种解法, 显然, 解法 2 简洁明快, 从中可以体会到应用整体思维解题的特点.

例 23　甲、乙二人从相距 20 千米的两地同时出发相向而行. 甲的速度为 6 千米/小时, 乙的速度为 4 千米/小时. 一只小狗与甲同时出发向乙奔去, 遇到乙后立即调头向甲跑去, 遇到甲后又立即调头向乙跑去, 直到甲、乙二人

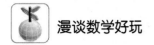

相遇为止. 若小狗的速度是 13 千米/小时, 在奔跑过程中, 小狗的总行程是多少千米?

分析: 如果从小狗各段跑的时间和距离去计算, 每个部分都很复杂, 最后还要求一个无穷递减的等比数列的和, 这对中小学生来说是难于处理的. 究其原因, 一开始我们的思路就被小狗牵着鼻子走, 盲目地陷入了"小狗的总行程等于各部分行程的和"的思路中. 如果我们跳出来站在旁观者的位置纵览全局, 就会看到, 小狗与甲、乙同时起步, 往返于二人之间, 直到二人相遇为止. 这时小狗跑的总时间就是甲、乙二人从出发到相遇所用的时间 $\frac{20}{6+4}=2$ (小时), 从而可迅速得到小狗奔跑的总路程为 $13\times2=26$ (千米).

例 24 已知一个 4×4 的数表

$$\begin{bmatrix} -1 & 2 & -3 & -4 \\ 5 & 6 & -7 & -8 \\ 9 & -10 & -11 & 12 \\ 13 & -14 & 15 & -16 \end{bmatrix}$$

如果把它的任一行 (横行) 或一列 (竖行) 中的所有数同时变号, 称作一次变换. 试问能否经过有限次变换, 使表中的数全变为正数?

分析: 如果你想按行、列去做实验, 看能否碰到表中的数全变为正数的情况, 这种实验的次数不可穷尽, 因此实际上是行不通的. 这时你若站在局外纵览, 就会发现每一次变换只改变表中一行 (或一列) 中 4 个数的符号, 但并不改变这 4 个数乘积的符号. 由此入手, 就从整体上找到了思维的突破口.

因为每行、每列都是 4 个数, 每一次变换, 只改变表中一行 (或一列) 中 4 个数的符号, 并不改变这一行 (或一列) 中 4 个数乘积的符号, 从而也不会改变表中 16 个数乘积的符号. 但表中共有 9 个负数, 所以表中 16 个数乘积的符号为负, 因此无论做多少次变换, 表中 16 个数的乘积总是负的. 不会变为表中的数都为正数, 从而使乘积为正的状态.

例 25 证明: 不存在具有奇数个面, 每个面都有奇数条边的多面体.

分析: 如果对一个个多面体去做实验, 很难得到结论. 最好的办法是考察多面体的各面的边数之和及其奇偶性, 从反面分析入手.

设一个多面体有 n 个面, 每个面有 $a_1, a_2, a_3, \cdots, a_n$ 条边, 记 $S = a_1 + a_2 +$

$a_3 + \cdots + a_n$.

如果 n 及 $a_1, a_2, a_3, \cdots, a_n$ 都是奇数，则 S 是奇数个奇数之和，因而是个奇数。但是多面体的每条棱都是多面体两个相邻面上多边形的公共边，因此，S 是多面体中总棱数的两倍，是个偶数。上述两件事矛盾，所以不可能存在满足题设条件的多面体。

通过上述各例，我们看到，从整体上考察事物的数量性质，使我们摆脱了局部细节难以弄清的数量关系的纠缠。反而使眼界更加开阔，洞察力更为深刻，能起到出奇制胜、一举解决问题的作用。其表现形式是对整体的不变性质、不变数量等特性的把握。整体思维对我们的数学解题思路很有帮助，在数学上有着广泛的用途，我们应当努力掌握它！

6.7　考虑边值的极端性思维

在你写出的 n 个实数中，必有一个最小的，也必有一个最大的。这是最简单的极端性思维。在宏观的估值中，比如，有一 200 人的单位义务捐款，已知每人至少捐 50 元，那么 200 人共捐款不少于 $50 \times 200 = 10000$ 元。这就是利用极端性思维的例子。在推理证明中，极端性思维对我们是非常有用的思维方法。

例 26　容器中放有 70 个球，其中有 20 个红球，20 个绿球，20 个黄球，其余是黑球和白球。各球大小、质地相同，只是颜色不同。现欲在黑暗中取球，使得取出来的球中某一种颜色的球不少于 10 个，问：必须至少取出多少个球？

分析：我们可以看出，要满足题设要求，即取出来的球中某一种颜色的球不少于 10 个，则这 10 个球只能是红、绿、黄三色之一。我们现在考虑最坏的情形，即在取出的球中包含黑球与白球共 10 个，9 个红球、9 个绿球和 9 个黄球，共计 37 个球。只要我们再取出 1 个球，此球必为红、绿、黄三色之一，故必有一种颜色的球不少于 10 个。由此得知，我们至少要取出 38 个球才能使"某一种颜色的球不少于 10 个"。

上例解法的独到之处在于考虑最坏的情形，也就是考虑最极端的情况。其基本依据是：

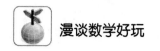

1．设 **N** 是正整数集，M 是 **N** 的一个非空子集，则 M 中必有最小数．

2．设 **R** 是实数集，M 是 **R** 的有限非空子集，则 M 中必有最小数，也必有最大数．

例 27 在一次乒乓球循环赛中，$n(n \geqslant 3)$ 个选手中没有一个是全胜的．请你证明：一定可以从中找到 3 名选手 A，B，C，使得 A 胜 B，B 胜 C 且 C 胜 A．

分析：考虑胜的最多的选手，设为 A，由于"$n(n \geqslant 3)$ 个选手中没有一个是全胜的"，所以 A 未全胜，即至少存在选手 C，有 C 胜 A．

另外，在被 A 战胜的选手中，一定存在某个选手 B 是战胜了 C 的．如若不然，会出现被 A 战胜的选手也是被 C 战胜的选手．但 C 又战胜了 A，则 C 所战胜的选手数将大于 A 所战胜的选手数．这与 A 是胜的最多的选手的假设相矛盾！

因此，一定可以从中找到 3 名选手 A,B,C，使得 A 胜 B，B 胜 C 且 C 胜 A．

上例的解法关键是抓住了"胜的最多的选手"，利用这一点，解决了我们"无从着手"的难处，使解题简洁明快！

在"证明有一个 x，它具有性质 $P(x)$"这种涉及状态存在性的问题时，从"考察极端"入手的极端性思维是非常重要的思考途径．

例 28 证明：任意凸五边形中都能找到三条对角线，由这三条对角线为边可以构成一个三角形．

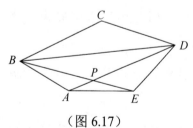
（图 6.17）

证明：凸五边形 $ABCDE$ 的五条对角线中存在最长的对角线，设为 BD（考虑极端），如图 6.17 所示，又设对角线 BE，DA 相交于点 P．

显然 $BP < BE,DP < AD$．

有 $BD < BP + DP < AD + BE$，因此由 BD，BE，AD 三条对角线为边可以构成一个三角形．

例 29 证明：不存在四个正整数 x,y,z,u，它们满足方程 $x^2 + y^2 = 3(z^2 + u^2)$．

分析：方程的形式很有特点，左边是 $x^2 + y^2$，右边有 $z^2 + u^2$．不妨从 $x^2 + y^2$ 的最小整数值入手考虑．

假设满足 $x^2 + y^2 = 3(z^2 + u^2)$ 的四个正整数存在，则其中必有使 $x^2 + y^2$ 取得

最小值的一组正整数（考虑极端），如果有若干组正整数都使 $x^2 + y^2$ 取最小值，我们只取其中一组即可. 设这组正整数为 (a, b, c, d). 由方程 $a^2 + b^2 = 3(c^2 + d^2)$ 可知，$3 \mid a^2 + b^2$，则 $3 \mid a$ 且 $3 \mid b$. 因此可设 $a = 3m, b = 3n$. 所以 $a^2 + b^2 = 9m^2 + 9n^2 = 3(c^2 + d^2)$，即 $c^2 + d^2 = 3(m^2 + n^2)$. 这样我们找到了一组正整数 (c, d, m, n) 满足方程 $x^2 + y^2 = 3(z^2 + u^2)$，同时 $c^2 + d^2 < a^2 + b^2$. 这与 $a^2 + b^2$ 是使 $x^2 + y^2$ 取得最小值的选择相矛盾. 因此，不存在四个正整数 x, y, z, u 满足方程 $x^2 + y^2 = 3(z^2 + u^2)$.

6.8　建构可实现的构造思维

我们考察数学思维，就是要考察数学思维的对象、过程与结果. 数学概念是思维的基本材料，是数学大厦的砖瓦、沙石、木料，而关系、定理、公式是连接这些材料的黏合剂或构架. 比如，一个集合 A，我们通过取子集的方法可以构造出它的幂集，这样一来，就产生了一个由包含与被包含的关系所引起的新的不寻常的结构. 从两个集合 A 与 B 中取 A 的元素 a 和 B 的元素 b，组成元素对 (a, b)，所有这样的元素对的集合又产生出一种新的结构，记为 $A \times B$，这就是集合 A 与 B 的笛卡儿积. 人们完全可以设想，学习数学的过程也就是在头脑中产生和建构数学知识形成数学认知结构的过程. 下面我们分析如何在思维中实现建构，从而认识数学结构的构造性思维.

数学思维就其过程来说，是将数学概念、公式、关系通过思维的组合联结为一个结构，综合为头脑中的一个新的思维创造物或想象物，这个过程称之为数学思维中的构造. 实现构造的具体操作叫作建构.

例 30　*证明：存在两个无理数 x, y，使 $z = x^y$ 是有理数.*

证法一：反证法. 设对于任意两个无理数 x, y 来说，$z = x^y$ 都是无理数. 那么，$\sqrt{2}^{\sqrt{2}}$ 就一定是无理数. 进而 $(\sqrt{2}^{\sqrt{2}})^{\sqrt{2}}$ 是无理数，然而 $(\sqrt{2}^{\sqrt{2}})^{\sqrt{2}} = \sqrt{2}^{\sqrt{2} \cdot \sqrt{2}} = (\sqrt{2})^2 = 2$ 是有理数，因此得出矛盾. 这表明，"对于任意两个无理数 x, y 来说，$z = x^y$ 都是无理数"的假设不成立，因此，"存在两个无理数 x, y，使 $z = x^y$ 是有理数"是正确的.

证法二：我们已知 $\sqrt{2}$ 与 $\log_2 9$ 都是无理数，令 $x=\sqrt{2}$，$y=\log_2 9$，则有 $z=x^y=\sqrt{2}^{\log_2 9}=2^{\log_2 3}=3$ 是有理数．问题得证．

比较上述的两种证法，证法一虽很巧妙，但证明完毕，我们对 $\sqrt{2}^{\sqrt{2}}$ 到底是个有理数还是无理数并不清楚．证明的基础是排中律与矛盾律．若 $\sqrt{2}^{\sqrt{2}}$ 是个有理数，则这就是我们要找的例子；若 $\sqrt{2}^{\sqrt{2}}$ 是个无理数，则 $(\sqrt{2}^{\sqrt{2}})^{\sqrt{2}}=2$ 就是我们要找的例子．证法二则是构造了一个满足问题条件的实例，构造的"组件"是无理数 $\sqrt{2}$ 与 $\log_2 9$，构造的"支架"是对数基本关系式 $a^{\log_a b}=b$．证法一是非构造性的间接证明，证法二简单明快，是一种构造性证明．

在证法二中，以问题的已知元素或条件为"组件"，数学中的某些关系式为"支架"，在思维中构造了一个新的"建筑物"．这种思维操作有一定的普遍意义．我们再通过一道例题来概括这种思维操作的特点．

例 31　a,b,c,d 为正实数且 $a<b,c<d$．求证：

$$\sqrt{(a-b)^2+(c-d)^2} \leqslant \sqrt{a^2+d^2}+\sqrt{b^2+c^2}.$$

解：如图 6.18 所示，构造矩形 $ABCD$，使得 $AB=a$，$BC=d$．则在直角三角形 ABC 中，有 $AC=\sqrt{a^2+d^2}$．构造矩形 $DEFG$，使得 E 在 AD 上，G 在 CD 延长线上，且 $CG=b$，$GF=c$．在直角三角形 CGF 中，有 $CF=\sqrt{b^2+c^2}$．在

直角三角形 AEF 中，有 $AF=\sqrt{(a-b)^2+(c-d)^2}$．

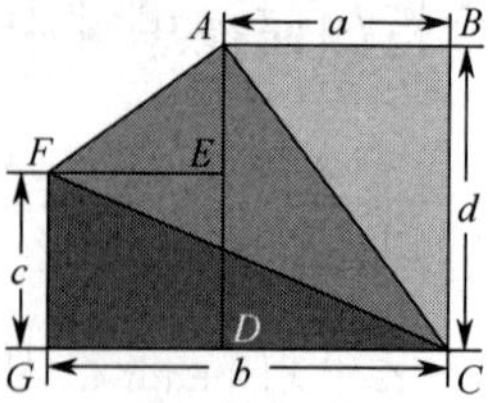

在 $\triangle AFC$ 中，由于 $AF \leqslant AC+CF$，所以 $\sqrt{(a-b)^2+(c-d)^2} \leqslant \sqrt{a^2+d^2}+\sqrt{b^2+c^2}$．

（图 6.18）

上两例的解法表明，在解题过程中，由于某种需要，要么把题设条件中的关系构造出来，要么将这些关系设想在某个模型上实现，要么把题设条件经过适当的逻辑组合而产生一种新的形式，从而使问题解决．在这个过程中，思维活动的特点是"构造"，构造是思维中综合过程的一种最高级的表现形式和结果．

构造性思维过程，是对概念进行一般化、特殊化地分析与综合，最后制造出一种新的产品——思维的创造物与想象物．需要注意，"构造"不是一般的综合，而是巧妙地对概念进行分析与综合，它是综合的高级形式．思维的构造是一种思维的过程，在这个过程中，往往体现出诸多种思维方式的综合，也可以

大体看到作为构造活动的几个基本环节.

例 32　若 $a>0,b>0$，求证 $a^2+b^2\geqslant 2ab$.

分析：所证的不等式等价于 $\dfrac{a^2}{2}+\dfrac{b^2}{2}\geqslant ab$. $\dfrac{a^2}{2}$ 可作为腰

为 a 的等腰直角三角形的面积，$\dfrac{b^2}{2}$ 可作为腰为 b 的等腰直角

三角形的面积，ab 可作为边长为 a, b 的长方形面积，于是可

构造图 6.19.

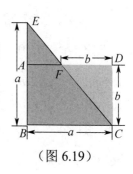

（图 6.19）

证明：作长方形 $ABCD$，使 $BC=a$, $CD=b$（不妨设 $a\geqslant b$）. 延长 BA 到 E，

使 $BE=a$. 连接 EC，交 AD 于 F. 则 $S_{\triangle EBC}=\dfrac{a^2}{2}$，$S_{\triangle FDC}=\dfrac{b^2}{2}$，而 $S_{ABCD}=ab$.

显然 $S_{\triangle EBC}+S_{\triangle FDC}\geqslant S_{ABCD}$. 即

$\dfrac{a^2}{2}+\dfrac{b^2}{2}\geqslant ab$.

也就是 $a^2+b^2\geqslant 2ab$.

容易看出，当且仅当 $a=b$ 时，等式成立.

其实构造图 6.20 也可以证明 $a^2+b^2\geqslant 2ab$.

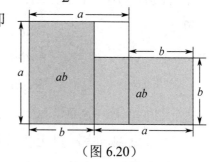

（图 6.20）

例 33　若 a, b, m 都是正数，并且 $a<b$.

求证：$\dfrac{a+m}{b+m}>\dfrac{a}{b}$.

分析：对正数 a, b 的关系 $a<b$ 可用直角三角形中直角边 a 小于斜边 b 来

表示. 同理，设想 $\dfrac{a+m}{b+m}=\dfrac{a}{b}$ 时，可利用相似三角形来表示，于是得出如下的直

观证法.

证明：作 $Rt\triangle ABC$，使 $\angle C=90°$, $AC=a$, $AB=b$.

延长 AC 到 D，使得 $CD=m$，则 $AD=a+m$.

过 D 作 AD 的垂线交 AB 的延长线于 E，过 B 作

AD 的平行线交 DE 于 K（如图 6.21 所示）.

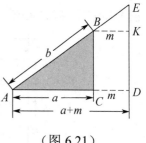

（图 6.21）

显见，$BE>BK=CD=m$.　由 $\triangle ACB\backsim\triangle ADE$，

可得 $\dfrac{a}{b}=\dfrac{AD}{AE}=\dfrac{a+m}{b+BE}<\dfrac{a+m}{b+m}$.

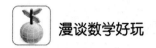

这样，我们利用图形证明了这个不等式.

其实，这个常用的重要不等式很好理解. 设想，b 克的糖水中含糖 a 克，当然有 $b > a > 0$，其浓度为 $\dfrac{a}{b}$. 若再溶入 m 克糖，糖水的浓度增大，为 $\dfrac{a+m}{b+m}$，且 $\dfrac{a+m}{b+m} > \dfrac{a}{b}$，与糖水变得更甜的完全一致.

例 34 正数 a, b, c, A, B, C 满足条件 $a + A = b + B = c + C = k$. 求证：$aB + bC + cA < k^2$.

这是第 21 届全苏数学竞赛八年级的一道试题. 先给出原试题给出的代数解法，然后再与我们的几何解法比较. 可以更好地领悟几何图形解法的妙处.

代数解法：因为 $k^3 = (a+A)(b+B)(c+C)$

$$= abc + Abc + aBc + ABc + abC + AbC + aBC + ABC$$
$$= abc + ABC + aB(c+C) + cA(b+B) + bC(a+A)$$
$$> aBk + bCk + cAk = k(aB + bC + cA).$$

又因为 $k > 0$，所以 $k^2 > aB + bC + cA$. 即 $aB + bC + cA < k^2$.

不难见到，完成以上代数法证明，要求具备很好的因式分解的基本功.

几何证法：利用我们给出的代数关系式的几何表示，将 k^2 看成边长为 k 的正方形的面积. 先作一个边长为 k 的正方形 $PQMN$，设 $PQ = b + B, QM = a + A$.

若 $a \leqslant C$，令 $PN = C + c, MN = A + a$，在正方形 $PQMN$ 内，如图 6.22 有面积为 aB, bC, cA 的三个长方形，三个未涂阴影的长方形的面积之和恰为 $aB + bC + cA$，显然小于正方形 $PQMN$ 的面积 k^2.

若 $a > C$，如图 6.23 有面积为 aB, bC, cA 的三个长方形，三个未涂阴影的长方形的面积之和恰为 $aB + bC + cA$，显然也小于正方形 $PQMN$ 的面积 k^2.

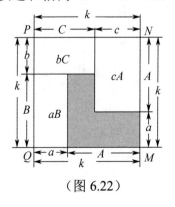

（图 6.22）

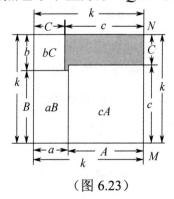

（图 6.23）

这个证法简单明快，直观有趣，小学生也可以理解.

例 35　已知 $a>b>0$，求证：$(a+b)^2 = (a-b)^2 + 4ab$.

解：很容易用下面的几何图形（如图 6.24 所示）加以证明. 在这个图中，$ABCD$ 是边长为 $a+b$ 的正方形，它的面积 $(a+b)^2$ 等于中间的正方形的面积 $(a-b)^2$ 与边上 4 个面积为 ab 的长方形的面积之和.

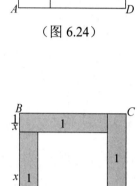

（图 6.24）

例 36　已知 $x>0$，求证：$x+\dfrac{1}{x} \geqslant 2$.

解：其实，结合图 6.24 仔细想一想，可以用数形结合的方法来证明这个不等式.

如图 6.25 所示，因为 $x>0$，所以 $\dfrac{1}{x}>0$，且 $x \cdot \dfrac{1}{x}=1$. 即图 6.25 中的每个阴影长方形的面积都等于 1.

正方形 $ABCD$ 的面积为 $\left(x+\dfrac{1}{x}\right)^2$，这个面积显然不小于 4 个面积等于 1 的阴影长方形的总面积，即 $\left(x+\dfrac{1}{x}\right)^2 \geqslant 4$. 两边开平方得 $x+\dfrac{1}{x} \geqslant 2$，等号在 $x=\dfrac{1}{x}=1$ 时取到.

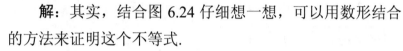

（图 6.25）

例 37　一个三角形的三条边长分别是 11 厘米，13 厘米和 20 厘米，这个三角形的面积是多少平方厘米？

解：要计算三角形的面积，需要知道一边上的高. 注意边长 20 与勾股数 (12, 16, 20) 有关；边长 13 与勾股数 (5, 12, 13) 有关，于是可诱发构图设想：如图 6.26 所示，作直角三角形 AOB，使得 $OA=12$ 厘米，$OB=16$ 厘米，则 $AB=20$ 厘米. 在 OB 上取点 C，使得 $CO = 5$ 厘米，连接 AC，得三角形 AOC，则 $AC=13$ 厘米. 易知 $CB = 16-5 = 11$ 厘米. 可见三角形 ABC 就是三条边长分别是 20 厘米、13 厘米和 11 厘米的三角形，其面积为 66 平方厘米.

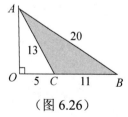

（图 6.26）

例 38　若 $x>0, y>0, z>0$.

求证：$\sqrt{x^2 - xy + y^2} + \sqrt{y^2 - yz + z^2} > \sqrt{z^2 - zx + x^2}$.

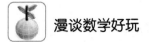

解：注意到 $x > 0, y > 0, z > 0$，则有 $\sqrt{x^2 - xy + y^2} = \sqrt{x^2 + y^2 - 2xy\cos 60°}$，

则 $\sqrt{x^2 - xy + y^2}$ 为以 x, y 为边，夹角为 $60°$ 的三角形的第三边。同理 $\sqrt{y^2 - yz + z^2}$，$\sqrt{z^2 - zx + x^2}$ 也有类似的几何意义。这样，我们可构造顶点为 O 的四面体 $O\text{-}ABC$，使得 $\angle AOB = \angle BOC = \angle COA = 60°$，$OA = x, OB = y, OC = z$，

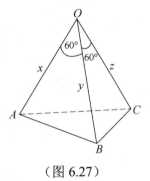

（图 6.27）

如图 6.27 所示。

则有 $AB = \sqrt{x^2 - xy + y^2}$，$BC = \sqrt{y^2 - yz + z^2}$，$CA = \sqrt{z^2 - zx + x^2}$。

由 $\triangle ABC$ 中，$AB + BC > AC$，所以 $\sqrt{x^2 - xy + y^2} + \sqrt{y^2 - yz + z^2} > \sqrt{z^2 - zx + x^2}$。

例 39 在直径为 5 的圆中放入 10 个点。求证：其中必有两个点，它们之间的距离小于 2。

很容易看出，这是个抽屉原则问题。只要将直径为 5 的圆分为 9 个区域，10 个点中至少有两个点分布在同一区域，只要使每个区域中任二点间的距离都小于 2 就可以了。

设想将圆九等分，连接圆心与各分点，将圆分成九个相等的扇形。显然，每个区域都不能保证任二点间的距离都小于 2。这种设想失败。分析原因，问题在于沿半径方向距离最长可达 2.5，所以我们要减少沿半径方向的长度，另择法建构抽屉。为此，先把圆等分为 8 个扇形，再以圆心 O 为中心，0.9 为半径画圆。这样构想出以这个小圆为一个抽屉，8 个被切扇形的所余部分为另外 8 个抽屉，共计 9 个抽屉。小圆直径为 1.8<2。之后，我们再检验截角曲边扇形 $ABCD$ 中任两点间的距离是否小于 2。

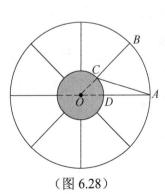

（图 6.28）

如图 6.28 所示，弧 $AB < \dfrac{5 \times 3.2}{8} = 2$，所以 $AB < 2$。

$AD = BC = 2.5 - 0.9 = 1.6 < 2$。

$BD = AC = \sqrt{OA^2 + OC^2 - 2 \times OA \times OC \cos 45°}$

$= \sqrt{2.5^2 + 0.9^2 - 2 \times 2.5 \times 0.9 \times \dfrac{\sqrt{2}}{2}} \leqslant \sqrt{3.91} < 2$。

可见，曲边扇形 $ABCD$ 中任两点间的距离都小于 2。

这样我们就构造了符合题设的九个抽屉. 10 个点放在圆中，至少有两个点落在同一个抽屉内，它们的距离小于 2.

　　我们从此例看到，初步的构想，是粗线条的，大方向对，方法不对，也不会成功. 要从分成的九个抽屉的集合中，选择符合题设条件的九个抽屉. 所以，构造其实是一种选择！这种选择与个人的直觉经验、知识见闻、阅历深浅，艺术修养等都很有关系.

　　我们看到的事物，不管有意或无意，都把它的形象留在潜意识中了，这叫记忆表象. 所谓想象，就是对头脑中的记忆表象进行加工改造，创造出新的形象的思维过程. 这个新的形象称为想象表象. 如果你构想的新的形象过去有过，这个想象表象叫作再造想象. 如果你构想的新的形象为过去没见过，这个想象表象叫作创造想象.

　　由模拟联想到加工、改造、构造出一种模式、结构、程序、图式，是想象为思维插上了翅膀！对事物的分析综合，要善于模拟联想. 这不光要精巧的技艺，更需要思维大胆的想象！只有这样，思维的构造才能变为改造世界能动的力量！

怎样解好一道数学题①

数学中的每个定理都是人们解过的一道数学题. 将历代解过并积累下来的数学题分类, 像串珠子一样, 把一些重要的概念、定理用逻辑的线串在一起, 就形成了一门学科. 学习数学能够继承前人积累的数学知识, 培养基本的数学能力, 并初步学会运用这些知识解决理论或实际问题. 这样看来, "问题是数学的心脏" 这句名言也就不言自明了. 数学家、数学教育家 波利亚曾指出, "掌握数学就意味着善于解题, 不仅善于解一些标准的题, 而且善于解一些要求独立思考、思路合理、见解独到和有所发明创造的题". 如果从更广义的角度理解 "题" 这个术语, 那么, "学数学在于解题" 这个道理也就顺理成章了.

数学的重要性是人所共知的, 数学具有高度的抽象性、严谨的逻辑性、应用的广泛性等特点. 那么学习数学的途径是什么? 有位数学家写了一本叫作《通过问题学解题》的书, 用数学教育家的话来说, 就是通过 "做数学" 来学数学. 如果把数学王国比作一个绚丽多彩的大花园, 你站在花园外面观花, 是学不到园艺技术的, 即使你走进花园看花, 虽然花香怡人, 也看到了园艺师管理技术的一招二式, 但你仍然不懂园艺技术. 要想掌握数学花园的育花之道, 领悟育花之美, 只有实际参加种花实践才可以. 这就是只有通过 "做数学" 才能学好数学的道理. 因为解题是 "做数学" 的基本表现形式, 当你把学好数学作为目的时, 那么解题既是目的又是手段. 从长远意义来看, 在未来工作中以数学为职业的人是少数, 今天你学的数学、做的习题, 将来都可能被忘却, 但今天你通过做数学题领悟的精神、思想与方法, 习得的 "数学思维方式" 却会使你终生受益.

---

① 本文发表在湖北《数学通讯》2011 年 14, 16 期

7.1 要有扎实的基本功

有些同学急于求成，这违反了学习数学的基本规律. 数学知识一环扣一环，不理解前面的知识，后面的学习就不可能深入. 所以学习数学要循序渐进，打好扎实的基本功. 华罗庚教授生前鼓励青年人要"拳不离手，曲不离口"地练习基本功. 苏步青教授也对中学生讲："只有在坚实的基础上，才会有速度. 速度是必然的结果，因为只有具备了坚实的基础，房子才能造得比较高. 你没有坚实的基础，房子是造不高的."这里所说的坚实的基础，就是基本功，包括数学的基础知识、基本技能与基本思想方法. 解数学题总的原则是化繁为简，以简驭繁. 基本功扎实了，难、繁的东西就好应对了. 比如下面这道题，"A, B 为定二次曲线

$$ax^2 + bxy + cy^2 + ex + fy + g = 0, \ (a \neq 0)$$

上的两个定点，过 A, B 任作一圆，设该圆与定二次曲线相交于另外两点 C, D. 求证：直线 CD 是定向的."这是上海市 1978 年的一道数学竞赛试题，很多考生没做好. 苏步青教授分析是"因为他们没有学深、学透解析几何的基本内容".

第一，讨论几何图形，要会恰当地建立直角坐标系. 可选定 A 为坐标原点，直线 AB 为 x 轴，于是可设 B 的坐标为 $(l, 0)$，而且 AB 的方程为 $y = 0$.

第二，二次曲线的方程关于 x, y 是二次的，不妨设 $a=1$，由于它过点 A 和点 B，所以方程式是 $f(x, y) = x^2 + bxy + cy^2 - lx + fy = 0$，式中 b, c, f 都是已知的. 至于经过 A 和 B 的任意圆，它也是具有同一形式的方程，不过 x^2 和 y^2 的系数相等而且没有 xy 项，这是圆方程的特点，所以圆的方程是

$$g(x, y) = x^2 + y^2 - lx + my = 0,$$

式中 m 是任意的.

第三，两条二次曲线相交一般有四个交点，就本题而言，二次曲线与圆有 A, B, C, D 这四个交点. 现在我们作方程 $f(x, y) - g(x, y) = 0$ 并研究这条新的二次曲线，这个方程可以写成 $y[bx + (c-1)y + f - m] = 0$，它表示经过四个点的两条直线. 由于 $y = 0$ 表示直线 AB，所以 $bx + (c-1)y + f - m = 0$ 应该是直线 CD

的方程，由此看出直线 CD 的斜率为常数 $\dfrac{b}{1-c}$（与 m 无关）．因此直线 CD 是定向的．

经过上述拆解分析，可以看出每步都运用了基础知识，本题只是这些基础知识的综合运用．当然，基础知识没学好，就谈不上综合运用了．

下面的问题请你练习，检查一下自己在基础知识的学习上有无漏洞．

练习 1 已知函数关系由

$$f\left(x+\frac{1}{x}\right)=x^2+\frac{1}{x^2}$$

给出．求 $f(x)$ 并画出函数图形．

7.2 要注意审题，收集信息

解题的过程首先要注意审题，弄清题目的条件与结论．如果把条件比喻为出发点，结论比喻为归宿，弄清楚出发点和归宿，才能准确地选好行进路线．审题要充分发掘题设条件中给出的信息，在此基础上制订的解题方案才切实可行．

例如，设 x,y 是实数，且 $y=\dfrac{\sqrt{x^2-4}+\sqrt{4-x^2}}{x+2}$，求 $\log_{\sqrt{2}}(x+y)$ 的值．

有的同学拿起题来，潦草看一眼就动手化简 $y(x+2)=\sqrt{x^2-4}+\sqrt{4-x^2}$，平方合并，最后陷入泥潭．其实，仔细审题发现要保证 $\sqrt{x^2-4}$，$\sqrt{4-x^2}$ 中被开方数非负，只能 $x^2=4$，即 $x=\pm 2$．但从分母可知，$x\neq -2$，所以 $x=2$．由此代入原关系式得 $y=0$．因此，$\log_{\sqrt{2}}(x+y)=\log_{\sqrt{2}}(2+0)=2$．数学题的审题有点像破案时的现场侦察，不要轻易放过任何一点蛛丝马迹，因为这可能就是一条重要的信息．

练习 2 求参数 a,b 的所有值，使得方程组

$$\begin{cases} x^2+y^2+5=b^2+2x-4y \\ x^2+(12-2a)x+y^2=2ay+12a-2a^2-27 \end{cases}$$

的两个解 (x_1,y_1) 和 (x_2,y_2) 满足条件 $\dfrac{x_1-x_2}{y_2-y_1}=\dfrac{y_1+y_2}{x_1+x_2}$．

其解为 $a = 4, b \in \left(-3 - \sqrt{45}, 3 - \sqrt{45}\right) \cup \left(-3 + \sqrt{45}, 3 + \sqrt{45}\right)$.

如果你在求解时遇到困难，很可能是在审题时对条件 $\dfrac{x_1 - x_2}{y_2 - y_1} = \dfrac{y_1 + y_2}{x_1 + x_2}$ 所反映的几何意义未能充分注意.

7.3　善于寻找突破口

在解一些略有难度的综合问题时，如何下手？有教授在回答这个问题时打了个比方，解题就像是捉藏在石堆中的老鼠. 在石堆里抓老鼠有两种方法. 一种是把这个石堆的石头一块接一块地搬开，直到露出老鼠来. 这时，你们再扑上去，抓住它. 也可用另一种方法，就是围绕石堆不停地来回走动，并留心观察，看看什么地方露出老鼠尾巴没有. 一旦发现老鼠尾巴，就用手抓住老鼠尾巴，并把老鼠从石堆里拖出来. 的确，寻找解题方法与这种在石堆中抓老鼠的做法很相似，寻找老鼠尾巴，就是寻找突破口.

练习 3　解方程组

$$\begin{cases} \sqrt{x^2 + 5x + 2y - 3} + \sqrt{x^2 + x + y + 2} = \sqrt{x^2 + 4x + 3y - 2} + \sqrt{x^2 + 2y + 3} \\ x^{x-y} = 2y - 1 \end{cases}.$$

提醒同学们，只要找到 $x^2 + 5x + 2y - 3 = \left(x^2 + 4x + 3y - 2\right) + \left(x - y - 1\right)$ 以及 $x^2 + x + y + 2 = \left(x^2 + 2x + 3\right) + \left(x - y - 1\right)$ 也就找到问题的突破口了，你不妨试试看.

7.4　恰当地选择解题方法

弄清了题意，找到了突破口，就要决定解题方法，制订解题方案. 然后实施计划，实现解题过程，最后进行检验，或者说对解题过程进行反思. 因此解题的过程是如图 7.1 所示的流程图.

在上述过程中，理解题意是解题的基础，制订计划、选择方法是关键. 解题能力包括审题能力、

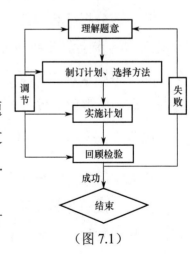

（图 7.1）

分析能力、表达能力与检验判断能力，而其中最为重要的是对解题思路的寻

求，这要靠对问题的分析与综合来实现.

所谓分析，是从"未知"看"需知"，逐步靠拢"已知"；所谓综合，是从"已知"看"可知"，逐步推向"未知". 学会对问题进行逻辑分析，才能得心应手，找到解题方法、策略. 这就是"分析好，大有益"的道理.

具体实现对解题思路的寻求，一般有三种途径.

其一，倒推分析思路. 其要点是假设题断成立，看需知什么条件成立，一步一步地探求使题断成立的充分条件，直至追溯到题设条件显然成立的事实.

比如：$a,b,c,d \in \mathbf{R}$，求证 $\dfrac{(ac+bd)^2}{(a^2+b^2)(c^2+d^2)} \leqslant 1$. 就可以利用倒推分析探求思路.

要证 $\dfrac{(ac+bd)^2}{(a^2+b^2)(c^2+d^2)} \leqslant 1$.

只需 $(ac+bd)^2 \leqslant (a^2+b^2)(c^2+d^2)$.

只需 $a^2c^2 + 2abcd + b^2d^2 \leqslant a^2c^2 + b^2c^2 + a^2d^2 + b^2d^2$.

只需 $2abcd \leqslant b^2c^2 + a^2d^2$.

只需 $0 \leqslant (bc-ad)^2$ 即可.

最后一个式子是确实成立的，将上述过程倒过来写就是证明过程.

练习 4 若 $a>0, b>0, c>0$ 且 $a+b=c$. 求证：$a^{\frac{2}{3}} + b^{\frac{2}{3}} > c^{\frac{2}{3}}$.

建议读者利用倒推分析去探求思路.

其二，分析综合思路. 这一思路的特点是：假设题断成立，看需知什么条件成立，逐步上溯题断成立的充分条件；另一方面，从题设出发，看可知什么，逐步由题设推断出过渡性的结论. 如果在中间的某个环节，分析与综合达到同一点，就形成了分析综合思路. 这也就是俗称的"中途点"法.

练习 5 若 $x>0, y>0$，且 $x+y=1$. 求证：$\left(x+\dfrac{1}{x}\right)\left(y+\dfrac{1}{y}\right) \geqslant \dfrac{25}{4}$.

请大家用分析综合法去探求思路.

其三，反设分析思路. 其要点是：从题断的反面入手. 因为题断的正确与其否定是对立的，二者又存在联系，是统一的. 证明题断的正确性等价于证明题断否定的不正确. 从反面入手考虑问题，以及反证法的思考方式都属于反设分析思路.

练习 6　实系数二次方程 $x^2 + x + p_1 = 0$, $x^2 + x + p_2 = 0, \cdots, x^2 + x + p_{n-1} = 0, \cdots, x^2 + sx + p_n = 0$, 满足 $s = p_1 + p_2 + \cdots + p_{n-1} + p_n + 1$. 求证：这 n 个方程中至少有一个具有实数根.

总之，思路清、方法明，题目也就好解了！

7.5　将复杂问题分解

解决问题的总的指导原则，已如前所述，叫作"化繁为简，以简驭繁". 具体地说就是要设法化未知为已知，化复杂为简单. 也就是大家常说的化归原则.

较难的问题具有挑战性，做这类问题正是锻炼解题能力的极好契机，也是学习将复杂问题分解为简单问题的过程，体验"化繁为简，以简驭繁"、领悟化归原则的练兵场.

练习 7　已知正四棱锥 $S-ABCD$ 的顶点为 S. 在棱 CD 的延长线上取点 M，使 $MD = 2DC$. 过 M、B 及棱 SC 的中点 E 作平面 α（如图 7.2 所示）. 求被平面 α 分棱锥所成两部分的体积之比.

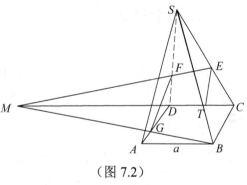

（图 7.2）

设正四棱锥 $S-ABCD$ 的底面正方形的边长为 a，由顶点 S 引向底面的高为 h. 记正四棱锥 $S-ABCD$ 的体积为 V，则 $V = \frac{1}{3}a^2h$.

又设平面 α 分棱锥 $S-ABCD$ 为上、下两部分. 上部分的体积记为 V_1，下部分的体积记为 V_2，易见，V_2 的值比较好求：

$$V_2 = V_{EMBC} - V_{FMGD}.$$

这样，问题拆解为求体积 V_{EMBC} 与 V_{FMGD}. 易求得 $V_{EMBC} = \frac{3}{4}V$，再求 V_{FMGD}. 第一步可求得 $S_{\triangle MGD} = \frac{2}{3}a^2$，第二步求由 F 点到底面 MGD 的高，由于这个高与 S 引向底面的高 h 之比为 $\frac{FD}{SD}$，转化为平面几何问题：图中 $MD = 2DC$，SC

的中点为 E ，求 $\dfrac{FD}{SD}$ ．过点 E 作 $ET /\!/ SD$ 交 DC 于 T ，利用比例相似可得

$\dfrac{FD}{SD}=\dfrac{2}{5}$ ，也就是说，由 F 到底面 MGD 的高为 $\dfrac{2}{5}h$ ，从而算得 $V_{FMGD}=\dfrac{4}{15}V$ ．

因此，$V_2=\dfrac{3}{4}V-\dfrac{4}{15}V=\dfrac{29}{60}V$ ，$V_1=V-\dfrac{29}{60}V=\dfrac{31}{60}V$ ，所以 $V_1:V_2=31:29$ ．

本题分解开来无非是立体几何与平面几何的基本问题．这又一次看出基础知识、基本技能的重要性．

7.6　学会"目标—手段"分析法

同学们在做题之余可能会遐想，如果能用计算机帮我们证题、解题该多好啊！其实人们从 20 世纪 50 年代起就已经开始研究用计算机模拟人的思维过程了．比如，计算机下棋，只需在计算机中装入若干个棋谱的程序，当一个棋局出现后，计算机迅速比较与哪个棋谱相似，有什么差异，只要将这个差异消除，就变成了与棋谱相同的模式，从而计算机必胜无疑．于是，心理学家将这个模式用在解题上面，提出了"目标—手段"分析法．其要点是：设置目标，比较差异，消灭差异，如此反复进行下去，直至终结．本质上就是思维不断使用化归原则的一种途径．

练习 8　解方程：$8\left(4^x+4^{-x}\right)-54\left(2^x+2^{-x}\right)+101=0$ ．

先由 $4^x=\left(2^x\right)^2$ ，$4^{-x}=\left(2^x\right)^{-2}$ ，消除 4^x 与 2^x 等项之间的差异，设 $y=2^x$ ，使原方程化为

$$8\left(y^2+\dfrac{1}{y^2}\right)-54\left(y+\dfrac{1}{y}\right)+101=0 .$$

此方程与二次方程相似，又有差异．设 $z=y+\dfrac{1}{y}$ ，该方程化为 $8z^2-54z+85=0$ ，消除了差异，变为一元二次方程，即可求解．

最后得解 $x_1=1,x_2=-1,x_3=2,x_4=-2$ ．大家不妨自己动手做一做．

7.7　拓宽思路，发散思维，一题多解

这实际上启示我们思考问题时要注意多角度、多方位地思索．发散思维有

助于提出新问题，孕育新思想，建立新概念，构筑新方法．实践证明，数学创造力的大小与发散思维能力的大小成正比．在中学阶段，一题多解是通过数学解题培养发散思维，发展数学创新意识的一条有效途径．

练习 9 如图 7.3 所示，M 是 $\odot O$ 的弦 AB 的中点，CD,EF 是过 M 的两条弦．连接 DE,CF，分别交 AB 于 P,Q 两点．

求证：$PM = QM$．

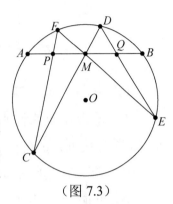

（图 7.3）

这是一道有名的平面几何问题，被称为"蝴蝶定理"．请你用平面几何的综合证法、面积证法、三角证法、解析证法分别给出证明．这个问题还可以推广到二次曲线：在二次曲线中，M 是弦 AB 的中点，CD,EF 是过 M 的两条弦．过 D,E,C,F 四点的二次曲线交 AB 于 P,Q 两点，则 $PM = QM$．这个推广问题的证明，会使你的认识更一般、更深刻．

练习 10 在 $\triangle ABC$ 中，三边分别记为 a,b,c，面积为 S．

求证：$a^2 + b^2 + c^2 \geqslant 4\sqrt{3}S$．

请你试用多种方法给出本题的证明．

7.8 注意寻求妙解

多方位、多角度地寻求一题多解，锻炼了思维的灵活性．而在多种方法中加以比较，容易找出最简捷、最美妙的解法．妙解可以感受数学的美感，使你对数学更感兴趣、更喜爱、更投入．

应该说，妙解是熟能生巧的结晶．解题要求"准、快、巧"，准是最基本的、是第一位的．万万不能刻意追求巧解和妙解，本末倒置反倒会适得其反．

巧解、妙解产生于对问题的深刻理解，对数学结构的深刻认识，在于头脑中对数量关系、空间形式的大胆想象、巧妙组合与建构．这些都是勤奋、刻苦学习的结晶．正如华罗庚教授的题词所述：猛攻苦战是第一，熟能生出百巧来．勤能补拙是良训，一分辛劳一分才．

练习 11 在一个有限项的实数列中，任意 7 个连续项之和都是负数，而任意 11 个连续项之和都是正数. 试问：这样的数列最多能有多少项？

一个学生想到将数列 $a_1, a_2, a_3, \cdots, a_n$ 排成一个 11 行 7 列的表：

$$
\begin{array}{ccccccc}
a_1 & a_2 & a_3 & \cdots & a_6 & a_7 \\
a_2 & a_3 & a_4 & \cdots & a_7 & a_8 \\
a_3 & a_4 & a_5 & \cdots & a_8 & a_9 \\
\vdots & \vdots & \vdots & \cdots & \vdots & \vdots \\
a_{11} & a_{12} & a_{13} & \cdots & a_{16} & a_{17}
\end{array}
$$

此表按行相加，77 个数总和为负值，而按列相加，这 77 个数的总和为正值. 这一矛盾立即就说明项数 $n < 17$. 即这样的数列最多可以有 16 项. 构造一个 16 项的数列：6, 6, -15, 6, 6, 6, -16, 6, 6, -16, 6, 6, 6, -15, 6, 6. 该数列满足题设条件，所以，这样的数列最多有 16 项.

方法的精巧，令人叫绝！其实，这个学生找到了反映题设数量关系的一个数学结构，才使问题简化的.

7.9 多点置疑意识

解题过程要全面，就需要多点置疑意识. 想一想问题的条件为什么这样设置，每个条件在解题中起什么作用？能不能减少条件？能不能改换条件？减少、改换条件会引起结论怎样的变化？学习数学要有这样的质疑意识. 千百年来，数学正是在不断地质疑中发展、前进，才达到了今天的水平. 从数学思维角度看，质疑可以培养思维的批判性，消除盲目性，其主要特征是有能力思路的选择评价及对成果进行检验. 不迷信书本，凡事要经过自己的头脑思考、判断，具有反思自己思维的元认知能力.

练习 12 已知 $a > 0, b > 0$ 且 $4a^2 + 9b^2 = 4ab$, 求证：$\lg \dfrac{2a + 3b}{4} = \dfrac{1}{2}(\lg a + \lg b)$.

你知道这道题为什么是一道错题吗？

练习 13 已知 x_1, x_2 是方程 $x^2 - (k-2)x + (k^2 + 3k + 5) = 0$（$k$ 为实数）的两个实数根，试求 $x_1^2 + x_2^2$ 的最大值.

请你亲自动手演算，如果你的答案是 19，你一定做错了！请你想一想错在哪里了？正确的答案是 18. 从中你有什么体会吗？

多思、多想、多动手，就是好处多！

7.10 发挥经典习题的作用

牛顿讲过：例题往往比定理更重要. 一个经典的例题，既可以帮助我们掌握定理，又可以帮助我们理解概念、领悟方法. 大家常说"比葫芦画瓢"，经典的例子就是"葫芦"，是我们学习解题的样板. 模仿是重要的学习方法，通过模仿把东西变为自己的，然后才能创新. 这就是常说的温故而知新、推陈能出新的道理.

例如，设 a, b, c 是两两不等的实数，证明：

$$\frac{bc}{(a-b)(a-c)} + \frac{ca}{(b-c)(b-a)} + \frac{ab}{(c-a)(c-b)} = 1.$$

我们引变量 x 从函数的观点来考虑，构造辅助方程：

$$\frac{(x-b)(x-c)}{(a-b)(a-c)} + \frac{(x-c)(x-a)}{(b-c)(b-a)} + \frac{(x-a)(x-b)}{(c-a)(c-b)} = 1. \qquad (*)$$

这是一个关于 x 的二次方程. 容易验证，它有三个不同的根 $x=a, x=b, x=c$. 所以式(*)是关于 x 的恒等式，即对 x 的任何值式(*)都成立. 特别地，取 $x=0$ 就得出了所要求证的恒等式.

当你对这个例题熟悉并掌握后，再独立完成练习 14 就不会感到困难了.

练习 14 设 a, b, c 是两两不等的实数，证明恒等式：

$$\frac{a^2(x-b)(x-c)}{(a-b)(a-c)} + \frac{b^2(x-c)(x-a)}{(b-c)(b-a)} + \frac{c^2(x-a)(x-b)}{(c-a)(c-b)} = x^2.$$

大家都非常熟悉如下的三道典型习题：

（1） $C_n^0 + C_n^1 + C_n^2 + C_n^3 + \cdots + C_n^{n-1} + C_n^n = 2^n$.

（2） $2^0 + 2^1 + 2^2 + 2^3 + \cdots + 2^{n-1} = \frac{2^n - 1}{2 - 1} = 2^n - 1$.

（3） $\frac{a_1 + a_2 + a_3 + \cdots + a_n}{n} \geqslant \sqrt[n]{a_1 a_2 a_3 \cdots \cdots a_n}$，其中 $a_1, a_2, a_3, \cdots, a_n$ 均为非负实数.

请你独立完成练习 15，认真分析练习 15 与上述三道典型习题的关系.

练习 15 证明：对任意 $n > 1, n \in \mathbf{N}$，都有

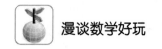

$$C_n^1 + C_n^2 + C_n^3 + \cdots + C_n^{n-1} + C_n^n > n \cdot 2^{\frac{n-1}{2}}.$$

本题解法恰是上述三个典型习题的组合.

7.11　排除思维定式的干扰，坚持具体问题具体分析

在解题过程中，人们的思维会形成若干个"产生式". 每个"产生式"都包含条件与动作两部分. 根据一定条件做出一定动作就是一个产生式. 产生式有理论型与经验型两类：如见到条件 $(a+b)^2$，就产生 $a^2 + 2ab + b^2$ 的动作，是理论型的产生式；而见到三角形中线就加倍，则是经验型的产生式. 产生式以一种逻辑固定下来，就成为了一种思维定式. 若不仔细分析题目特点，滥用思维定式，就会犯"经验主义"的毛病，产生负效应，干扰我们解题.

大家做如下的练习题：设 a, b, c 是三个正数，则有 $\dfrac{a}{b} + \dfrac{b}{c} + \dfrac{c}{a} \geq 3$. 采用"算术平均—几何平均不等式"就可得证.

因为 $\dfrac{\dfrac{a}{b} + \dfrac{b}{c} + \dfrac{c}{a}}{3} \geq \sqrt[3]{\dfrac{a}{b} \cdot \dfrac{b}{c} \cdot \dfrac{c}{a}} = 1$. 所以 $\dfrac{a}{b} + \dfrac{b}{c} + \dfrac{c}{a} \geq 3$.

于是得出一种经验：证明若干个正数和的不等式时，可凑用"算术平均—几何平均不等式"的解题模式. 然而当证明练习 16 时，此种解题模式就行不通了！

练习 16　证明不等式：$\log_6 7 + \log_7 8 + \log_8 9 < 3.3$.

原因很简单，练习 16 与上面的例题形式相似，然而，不等号的方向却不同. 因此不能不顾条件死套经验，而要具体问题具体分析. 事实上，要先证对任意 $n \in \mathbf{N}$，有 $\log_n (n+1) > \log_{n+1} (n+2)$ 成立. 再得出 $\log_8 9 < \log_7 8 < \log_6 7 < 1.1$，立刻就可得到所证的结果.

看来，解数学问题的诀窍在于学会具体问题具体分析！

第三部分　数学文化

第8讲　鸡兔同笼问题①

下面是 2014 年 1 月 5 日的《北京晨报》副刊 A15 版郭旭峰的短文:《那些年我们做过的"鸡兔同笼"》,请你先读一读.

那些年我们做过的"鸡兔同笼"
◎郭旭峰

刚上初中那会儿,我对数学恐惧到了极点. 课堂上常被各种公式折腾得自信全无,尤其是那些"鸡兔同笼"问题,什么已知头几个、脚几只,求鸡和兔各多少只,甚至经常晚上做噩梦被鸡啄兔蹬. 诸如此类的还有甲乙两地、开关水龙头等应用题,真的是折腾死人了,也让我很生鸡和兔的气,你们干嘛非要挤在一个笼子里呀,故意找茬让我数不清楚,令我苦不堪言.

记得当时我们班上还有一个同学,同我有着一样的烦恼,一次课堂上他居然和刚参加工作不久的代数老师较上了劲,上讲台演算不会,就和老师理论道:"鸡和兔子怎么能关到一个笼子里呢,不可能的事,这题出得坑人!"话一出口,便把血气方刚的代数老师气得够呛,直接提着他的耳朵到教室外罚站,并要求家长来学校一趟处理问题.

这个同学他爸养了几十只兔子,还有鸡羊之类,是远近闻名的养殖专业户,大字不识几个,希望儿子多读点儿书,将来能有个好前程,别像自己这样整天和牲畜们打交道,听说孩子在学校闯祸了,他爸急忙撇下家里的事赶到学校,一个劲向老师赔不是,并挥起拳头要揍我那可怜的同学,后来听说他爸和老师做进一步沟通了解情况之后,一脸的不解,不好意思地小声说:"老师,兔子和鸡不可能养在一个笼子里,鸡会啄兔子的眼睛……"

总之,当时这件事情在我们学校可谓人尽皆知、影响很大,现在想起来我还忍不住想笑,最后我同学他爸被老师领到校长那里,校长是教数学出身的,听完情况后,就和他们父子一起回到村上,捉了几只鸡和几只兔子,放在院子里,拿起一根木棍儿,比比划划给他们父子说了半天. 第二天,还是那道题,我那个同学意气风发地走上去,三下五除二就弄清楚了鸡兔同笼的问题,随后该同学的数学成绩突飞猛进,许多难题对于他都不在话下. 看到他的进步与变化,于是我们学校掀起了一股争学鸡兔同笼难题的热潮.

同学的父亲很高兴,闲散之余,开始数鸭头查猪腿,渐渐入迷,我那个同学星期天回来,父亲向儿子请教些庄稼地里玉米红薯各多少斤的问题,天长日久,再难的"鸡兔同笼"题,也难不住他. 后来他参加乡里组织的脱盲班,一年后看报写信,算账记事,有板有眼的像个知识分子,养殖规模越来越大,成为县里的劳动模范.

那一年,我们班数学成绩全校第一,我那个同学多次参加县里数学比赛载誉而归,后来上县高中,毕业后考入华东师范大学,继而公费出国留学,学成归来回母校任教,如今是硕士生导师,桃李满天下.

他不常回来,在大上海的讲台上教授知识. 闲时,我和他通过网络聊聊过往,常感慨万端. 一次我问:你忘了乡下老家的鸡和兔子了吗?不一会儿我看到一行字一溜烟儿地蹦了出来:哪能呀,"鸡兔同笼",受用终生!

其中,有一段话,"校长是教数学出身的,就和他们父子一起回到村上,……",文章结尾的一行字:"'鸡兔同笼',受用终生!"更是耐人寻味!

---

① 本文是阅读 2014 年 1 月 5 日的《北京晨报》副刊 A15 版郭旭峰的短文:《那些年我们做过的"鸡兔同笼"》后写的一篇读后感

8.1 "鸡兔同笼"问题与假设法

"鸡兔同笼"问题又称为"假设问题",其一般模型是:鸡兔同笼,共有头 a 个,共有足 b 只.问鸡、兔各若干?这个模型的算术解法是:假设 a 个头都是兔的,则共 $4a$ 只足,比实际的 b 只足多 $(4a-b)$ 只足.为什么多了呢?因为把一只鸡当作一只兔,多算了 $(4-2)$ 只足,因此

$$(4 \times a - b) \div (4 - 2) = 鸡的头数.$$

同理,假设 a 个头都是鸡的,则共 $2a$ 只足,比实际的 b 只足少 $(b-2a)$ 只足.为什么少了呢?因为把一只兔当作鸡,少算了 $(4-2)$ 只足,因此

$$(b - 2 \times a) \div (4 - 2) = 兔的头数.$$

总之:假设与实际结果之差÷产生不同结果的原因差=与假设相反的量.

用假设法解应用题的思路就是先选择一种假设方案,再根据与实际结果之间的差距进行调整.

例1 今有雉兔同笼,上有三十五头,下有九十四足.雉、兔各几何?

这是我国古代最早记载的"鸡兔同笼"问题.见于《孙子算经》里的下卷问题 31.

试算的方法:雉兔同笼,上有三十五头,无非雉 34 兔 1,雉 33 兔 2,雉 32 兔 3,……,雉 1 兔 34,每组都计算足数,恰好能满足总足数为 94 的那一组就是答案.

雉 34 兔 1,共有足 34×2+1×4=72;

雉 33 兔 2,共有足 33×2+2×4=74;

雉 32 兔 3,共有足 32×2+3×4=76;

雉 31 兔 4,共有足 31×2+4×4=78;

雉 30 兔 5,共有足 30×2+5×4=80;

雉 29 兔 6,共有足 29×2+6×4=82;

雉 28 兔 7,共有足 28×2+7×4=84;

雉 27 兔 8,共有足 27×2+8×4=86;

雉 26 兔 9,共有足 26×2+9×4=88;

雉 25 兔 10，共有足 25×2+10×4=90；

雉 24 兔 11，共有足 24×2+11×4=92；

雉 23 兔 12，共有足 23×2+12×4=94；

雉 22 兔 13，共有足 22×2+13×4=96；

雉 21 兔 14，共有足 21×2+14×4=98；

        ……   ……

雉 1 兔 34，共有足 1×2+34×4=138.

从试算的结果可见，雉 23 只，兔 12 只符合题意.

试算当然麻烦、费时，不过它可以给我们许多启示，其实每一次试算都是假设实验，穷尽有限种不同的假设实验，总有一种会合于解答！这就是"穷举实验法"！有没有只用一两次假设就可以求解的简化过程呢？想一想！对呀！我们可以找最极端的假设，与题设比较，找到产生差异的原因，最后找到答案.

算术解法一：假设 35 个头都是雉（鸡）的，由于每只雉有 2 只足，所以共有 2×35=70（只）足. 但题设中有 94 只足，为什么少 94 − 70 = 24（只）足呢？原因是把每只兔当作雉，要少算 2 只足，因此少的 24 只足是将 24÷2=12 只兔当作雉的结果. 因此有兔 12 只，雉 35−12 = 23（只）.

综合列式：兔：$(94-2\times35)\div(4-2)=12$（只）.

          雉：$35-12=23$（只）.

我们假设 35 个头都是兔的也可以吧？

算术解法二：假设 35 个头都是兔的，由于每只兔有 4 只足，所以共有 4×35=140（只）足. 但题设中有 94 只足，为什么多了 140−94 = 46（只）足呢？原因是把每只雉当作兔，要多算 2 只足，因此多的 46 只足是将 46 ÷ 2 = 23（只）雉当作兔的结果. 因此有雉 23 只，兔 35−23 =12（只）.

综合列式：雉：$(4\times35-94)\div(4-2)=23$（只）.

          兔：$35-23=12$（只）.

算术解法一、二就是解题时常用的"假设法"，还有更奇特的假设呢！

算术解法三：假设这个笼子中的雉都是金鸡独立的雉，兔都是前脚抱着大萝卜的双足兔，则共有 35 个头，94 ÷ 2 = 47（只）足，由于每只双足兔比单足雉多一只足，所以有兔 47−35 =12（只），雉 35−12 = 23（只）.

还有更"狠"的假设.

算术解法四：假设每只动物都被砍掉 2 只足，则共砍掉 2×35=70（只）足，还剩 94−70 =24（只）足. 这些足都是兔的足，每只兔还剩 2 只足，所以共有兔 24÷2 = 12（只），雉 35−12 = 23（只）.

正是砍掉了雉的所有足，兔的足就水落石出了！

算术解法五：给每只雉装上一个假头，变成"双头雉"，给每只兔也装上一个假头，变成"双头兔". 这时，头的总数为原来的 2 倍（2×35=70），每只"双头雉"有 2 头 2 足，每只"双头兔"有 2 头 4 足. 每只雉的足数等于头数，每只兔的足数比头数多 2，于是总足数 94 比总头数 70 多 24，可知兔的头数是 24÷2=12（个），列算式得 (94−35×2)÷(4−2) = 12（只），这就是兔的头数. 因此雉为 35−12=23（只）.

算术解法五与算术解法一的列式一样，但解法的理由设想差异很大. 算术解法的假设法，其假设的理由可以充分发挥想象力，想法五花八门，甚至可以胡思奇想，但这是激发大家学习数学的好方式.

有没有一种一般采用的解法呢？有的！我们将题设的日常语言翻译成代数语言，可列得方程或方程组求解，也就是"方程解法".

方程解法一：设兔有 x 只，则雉有 $(35−x)$ 只. 兔有足 $4x$ 只，则雉共有足 $2(35−x)$ 只. 可依题意列出方程 $4x+2(35−x)=94$，解得 $x=12$（兔的只数），雉有 $35−12 = 23$（只）. 这是列成一元一次方程求解.

方程解法二：设雉 x 只，共 $2x$ 只足，兔 y 只，共 $4y$ 只足. 则列得方程组：

$$\begin{cases} x+y=35 & ① \\ 2x+4y=94 & ② \end{cases}$$

式①×2 得 $\qquad\qquad 2x+2y=70 \qquad\qquad$ ③

式②−式③ 得 $\qquad\qquad 2y=24,$

因此兔的数量 $\qquad\qquad\quad y=12.$

雉的数量：$35−12 = 23$（只）.

这是列成二元一次联立方程组求解. 大家要知道，图形也是一种数学语言，图形解法可以数形结合，体现数学的直观美！

图形解法一：AB 代表鸡、兔的总头数 35. $ACDE$ 代表兔的总足数. $CBFG$

代表雉的总足数. *ABFGDE* 代表雉、兔的总足数 94.

在图 8.1 的右上角补上一块长方形 *GFHD*，构成大长方形 *ABHE*. 其面积为 4×35=140，因此补上的长方形 *GFHD* 的面积等于 4×35−94=46. 要求雉的头数 *CB*=*GF*，而 *FH* = 4−2 = 2.

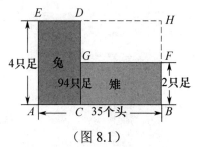

（图 8.1）

所以雉的头数= 46÷(4−2)=23,

    兔的头数=35−23=12.

综和列式：雉：$(4×35−94)÷(4−2) = 23$.

    兔：$35−23=12$.

图形解法一实际上是算术解法二的图形表达！

图形解法二：我们这样考虑，既然雉、兔总头数为 35，如果能求得雉、兔头数之比，问题自然可解. 我们按这一思路进行探索.

设雉 x 只，共 $2x$ 只足，兔 y 只，共 $4y$ 只足. 则列得方程组：

$$\begin{cases} x+y=35 & ① \\ 2x+4y=94 & ② \end{cases}$$

$\dfrac{式②}{式①}$ 得 $\dfrac{2x+4y}{x+y}=\dfrac{94}{35}=2\dfrac{24}{35}$，即平均每只动物有 $2\dfrac{24}{35}$ 只足.

图 8.2 中可见矩形 *ABMP* 为雉、兔的总足数为 94，与矩形 *ACDE* （兔的足数）和 *CBFG* （雉的足数）的和相等，因此得矩形 *PQDE* 的面积=矩形 *GFMQ* 的面积，于是得 $\left(4-2\dfrac{24}{35}\right)y=\left(2\dfrac{24}{35}-2\right)x$，即 $\dfrac{46}{35}y=\dfrac{24}{35}x$，所以 $x:y=23:12$.

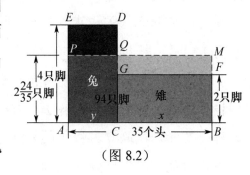

（图 8.2）

因此 $x=23$ （雉的头数），$y=12$ （兔的头数）.

这里的 $\dfrac{2x+4y}{x+y}=\dfrac{94}{35}=2\dfrac{24}{35}$，蕴含着混合物加权平均的思想.

图形解法三：我们还可以这样考虑，既然雉、兔总头数为 35，如果能求得雉、兔头数之差，自然问题可转化为和差问题.

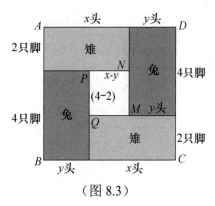

（图 8.3）

如图 8.3 所示，设雉 x 只，共 $2x$ 只足，兔 y 只，共 $4y$ 只足. 拼成的矩形 $ABCD$ 中间空了一个矩形 $PQMN$.

矩形 $ABCD$ 的面积为 $(4+2)(x+y)=6x+6y=6(x+y)=6\times35=210$. 它等于兔和雉总足数的 2 倍再加上矩形 $PQMN$ 的面积 $2(x-y)$.

因此 $210=2\times94+2(x-y)$. 所以，$x-y=11$. 结合 $x+y=35$，立得 $x=23$（雉的头数），$y=12$（兔的头数）. 这个图形巧妙地利用"弦图"，将假设问题转化为和差问题.

等量代换法：我们设想把一只兔子换成两只雉，总足数不变，仍是 94 只足. 而头数变成 35+兔子头数. 所以总足数为(35+兔子头数)×2，应等于 94.

因此，(35+兔子头数)×2＝94，所以，兔子头数=12. 雉头数=35–12=23.

本解法的特点是按"一只兔子换成两只雉"实行等量代换，转化为一种量来求解. 因此不妨叫作"等量代换法"，等量代换是代数方法中的一个特色！

回头看试算的方法：观察试算的数表，如果开始是雉 34 兔 1，共有足 34×2+1×4=72（只）；以后，每一只雉换成兔增加 2 只足，那么多少只兔子换成雉，增加的足数恰是 94－72＝22 呢？这是首项为 72，公差为 2 的等差数列，已知前 n 项的和为 94，求项数 n 的问题，$94=72+(n-1)\times2$，解得 $n=12$. 即兔子有 12 只，进一步求得雉有 23 只. 这与等差数列存在着内在的联系.

一道"鸡兔同笼"问题看起来简单，然而仔细分析，发现与穷举实验法、假设分析法、数形结合图解法、方程解法、等量代换法存在联系，与一元一次方程、二元一次联立方程组的解法，甚至等差数列的知识密切相关. 此乃解剖一道"鸡兔同笼"问题，达到受益颇丰，触类旁通的效果. 难怪报道中的那个同学能"三下五除二就弄清楚了鸡兔同笼的问题，随后该同学的数学成绩突飞猛进，许多难题对于他都不在话下，看到了他的进步与变化"，于是那所学校"掀起了一股争学鸡兔同笼难题的热潮"了！

下面我们考察中国古代对"鸡兔同笼"问题的解法.

中国古算解法："上置 35 头，下置 94 足，半其足，得 47. 以少减多，再命之：上 3 除下 4，上 5 除下 7；下有 1，除上 3，下有 2，除上 5，即得."

意思是说，在 47 对足中，除去 35 对，其中有鸡足也有兔足，之所以有余数，因为兔数大于雉数. 显然余数就是兔数. 这里做两次减法：

$$
\begin{array}{cc}
\begin{array}{r} -35 \\ 47 \\ \hline 12 \end{array} &
\begin{array}{r} 35 \\ -12 \\ \hline 23 \end{array}
\end{array}
$$

第一个式子是原题解法所说的"上 3 除下 4，上 5 除下 7"，得 12，即为兔数.

第二个式子是原题解法所说的"下有 1，除上 3，下有 2，除上 5"，得 23，即为雉数.

宋代杨辉《续古摘奇算法》（1275）卷下录此题作为第 1 题，并另给解法："倍头减足，折半为兔.""4 因只数，以共足减之，余皆雉足，折半为雉."这里，第一句话是把兔子也看成 2 足，则 35 头应有 70 足，但题设总足数是 94，因此还有 $94-70=24$（足），是 12 只兔子所有. 第二句话是说，若把 35 个头都看成是兔子，应有 140 足，但题设总足数是 94，可见 35 头不全是兔子，其中 $140-94=46$ 是雉所有，因此有 23 只雉.

说明：本题是后世"鸡兔同笼"问题的始祖. 后来传到日本，变成"鹤龟算". 从解题思想来说，鸡兔同笼用的是"假设法". 通过我们的解法剖析，可见"鸡兔同笼"问题的思想内涵是十分丰富的. 古人布筹、施算，文言叙述，细心体会，其实与我们的算术假设法别无二致.

以下的问题，一般我们只给出算术或方程一种解法，其余的解法，有兴趣的读者可以自己探索.

例 2　鸡和兔同笼，小明细心数了数，发现笼子里一共有 36 个头和 96 条腿，那么你能确定笼子里有多少只鸡，有多少只兔吗？

分析：每只鸡有 1 个头和 2 条腿，每只兔子有 1 个头和 4 条腿，因此条件中"共有 36 个头"就相当于告诉我们"鸡和兔一共有 36 只". 下面就可以假设笼子中的 36 只都是鸡，那么应该有 36×2=72 条腿，比条件中的 96 条腿要少，原因就是假设中"2 条腿的鸡"实际是"4 条腿的兔"，因此把一些鸡再换成兔，就可以把缺少的 24 条腿补回来了.

解：假设笼子中都是鸡，有腿 36×2=72（条）.

比实际腿的数量少了 96–72=24（条）.

把一只鸡换成兔，腿的数量增加 4–2=2（条）.

兔子的数量是 24÷2=12（只），鸡的数量是 36–12=24（只）.

说明：假设法是解决"鸡兔同笼"问题的重要方法，假设的情形也是多样的，请你试一试假设笼子中都是兔的情形下，是不是也可以得到相同的结果？"鸡兔同笼"问题还有其他的基本形式，下面给出三种：

1. 笼子里一共有 36 个头，兔的腿比鸡的腿多 96 条，那么笼子里有多少只鸡，多少只兔？

2. 笼子里鸡比兔多 36 只，一共有 96 条腿，那么笼子里有多少只鸡，多少只兔？

3. 笼子里鸡比兔多 36 只，兔的腿比鸡的腿多 96 条，那么笼子里有多少只鸡，多少只兔？

这些情形都可以用假设法解决，请你赶快试一试吧！鸡兔同笼中的总足数是"两数之和"，如果换成"两数之差"，应该怎样解呢？

例 3 鸡与兔共 100 只，鸡的脚数比兔的脚数少 28. 鸡与兔各几只？

算术解法一：假设鸡、兔都是 4 只脚，则共有 4×100=400（只）脚. 也就是 4×鸡数 ＋4×兔数=400 只脚，由于已知鸡的脚数比兔的脚数少 28，所以兔的总脚数可以换成"鸡的总脚数 ＋28". 因此

$$4×100 = 4×鸡数 ＋2×鸡数 ＋28.$$

所以鸡：$(4×100－28)÷(4＋2) = 62$（只）.

兔：$100－62 = 38$（只）.

算术解法二：依题意，鸡的脚数=2×鸡头数，兔的脚数=4×兔头数.

所以，4×兔头数－2×鸡头数=28. 由兔头数+鸡头数=100 得，4×兔头数+4×鸡头数=400.

所以 6×鸡头数=372，因此，鸡头数=372÷6 = 62，兔头数=100–62=38.

"鸡兔同笼"问题有现成的求解公式，而本题不是给出"脚共多少只"，这时靠背公式、套公式，就做不出了. 因此，条件略变，老题添新意，可促进思

维的灵活性.

方程解法：设鸡 x 只，共 $2x$ 只脚，兔 y 只，共 $4y$ 只脚. 则列得方程组：

$$\begin{cases} x+y=100 \\ 4y-2x=28 \end{cases}$$

解得 $\begin{cases} x=62 \\ y=38 \end{cases}$.

图形解法：设兔 x 只，有脚 $4x$ 只，鸡（$100-x$）只，有脚 $2(100-x)$ 只.

如图 8.4 所示，"鸡的脚数比兔的脚数少 28". 即由兔的脚数减 28 只脚，也就是减掉 7 只兔的脚数剩下的（$x-7$）只兔的总脚数 $4(x-7)$ 与 $(100-x)$ 只鸡的总脚数 $2(100-x)$ 相等. 因此得方程 $4(x-7)=2(100-x)$，解得 $x=38$（兔的头数）. $100-38=62$（鸡的头数）.

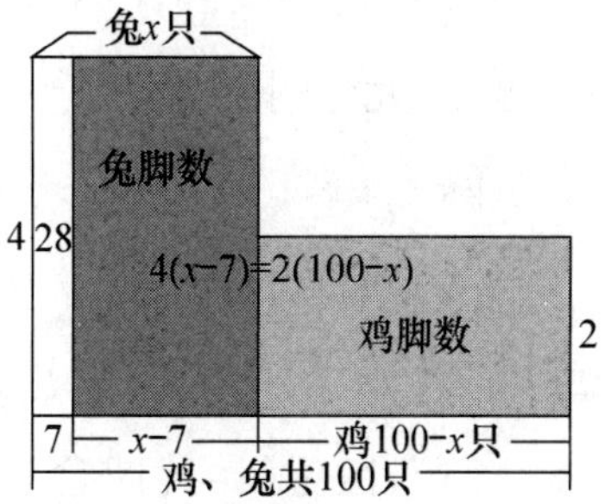

（图 8.4）

例 4　有鸡和兔共 118 只，其中兔子的总腿数比鸡的总腿数的 3 倍还多 282 条，那么其中有鸡多少只？

分析：作为基本"鸡兔同笼"问题的变形，我们依然可以用假设法来解决. 不同之处是条件中的"3 倍"，如何处理好这个倍数关系是解题的关键.

解法一：假设 118 只全都是兔子，那么兔子的总腿数比鸡的总腿数的 3 倍多 $118\times4-0\times3=472$，比实际的差多出 $472-282=190$.

每把一只兔子换成鸡，兔子的腿数减少 4，鸡的腿数增加 2，这个差就会减少 $4+2\times3=10$. 因此鸡的数量是 $190\div10=19$（只）.

解法二：设鸡 x 只，兔 y 只. 则依题意列得方程组

$$\begin{cases} x+y=118 \\ 4y=3\times2x+282 \end{cases}$$

解得 $\begin{cases} x=19 \\ y=99 \end{cases}$.

说明：对于题目条件中的"3 倍"，还有一种解决方法. 假想要用这些鸡进行演出，所以在每只鸡身上粘了 4 根彩带，这样每只"演出鸡"就有 1 个头和 6 条"腿"，因此题目条件就变成：

有鸡和兔共 118 只，其中兔子的总腿数比"演出鸡"的总腿数多 282，那

么其中有鸡多少只?

这时就可以用"鸡兔同笼"问题的基本方法和公式来解决了,鸡应该有 $(118×4-282)÷(6+4)=19$(只).

这里借助想象中的"演出鸡",实现了把原问题向基本问题的转化,这就是"转化的思想".

鸡兔同笼模型在日常生活中碰得到吗?请看!

(1)妈妈买回家 8 两包子,共花了 26 元.已知肉包子每两 4 元,素包子每两 2 元.问妈妈买了几两肉包子?几两素包子?(答:肉包子 5 两,素包子 3 两)

(2)商人买了 35 头大羊和小羊,共花了 94 元,已知大羊每只 4 元,小羊每只 2 元,问商人买了几只大羊,几只小羊?(答:大羊 12 只,小羊 23 只)

(3)12 张乒乓球台上共有 34 人在打球,问:正在进行单打和双打的台子各有几张?(答:正在进行单打的有 7 张,双打的有 5 张)

解: 设 12 张乒乓球台进行单打的有 x 张,双打的有 y 张;则单打有 $2x$ 人,双打有 $4y$ 人. 则 $\begin{cases} x+y=12 \\ 2x+4y=34 \end{cases}$.

解得 $\begin{cases} x=7 \\ y=5 \end{cases}$.

这不正是鸡兔模型的实际应用吗!

8.2 "鸡兔同笼"问题的变形

将鸡、兔换成别的对象,打破"腿数"2、4 的限制,问题如何求解呢?假设法还起作用吗?

请你想一想,下面这道题与"鸡兔同笼"问题是同一类型的问题吗?

例 5 有次科学测验共 20 道题,规定答对 1 题得 5 分,每题答错或不答不但不给分,还要倒扣 1 分,小明这次测验共得了 76 分.问小明这次测验做对了多少道题.

分析:"答对题"与"非对题"在同一份答卷上(同笼),题(头)数共 20.

"答对题"每个 5 分（只脚），"非对题"每个 –1 分（只脚）．小明这次测验共得 76 分（共计脚数 76），问答对的题数．

算术解法： 假设 20 道题都答对，共得 5×20=100（分），而实际得分为 76 分，少得 100–76=24（分）．因为从一道"答对题"变为一道"非对题"，要扣掉 5+1=6（分），所以小明的"非对题"为 24÷6=4（道），因此小明做对了 20–4=16（道）题．

综合列式：$(5 \times 20 - 76) \div (5+1) = 4$，所以小明做对了 20–4=16（道）题．

方程解法： 设小明做对了 x 道题，应得 $5x$ 分，另有（$20-x$）个"非对题"应得 $(-1) \times (20-x)$ 分．依题意列得方程

$$5x + (-1) \times (20 - x) = 76$$
$$x = 16.$$

即小明做对了 16 道题．

说明： 列方程只需将日常语言翻译成代数式，具有一般化的特点，容易掌握．

例 6　松鼠妈妈采松子，晴天每天可以采 20 个，雨天每天只能采 12 个，它连续几天共采了 112 个松子，平均每天采 14 个．问：这几天当中，有多少天是雨天？（第一届华杯赛决赛试题 7）

解法一： 首先要知道松鼠妈妈采了几天松子，$112 \div 14 = 8$(天)．

假设这 8 天都是晴天，可以采到的松子数是：$8 \times 20 = 160$(个)．

实际只采到 112 个，共少采松子：$160 - 112 = 48$(个)．

为什么少采？因为有雨天，每个雨天就要少采：$20 - 12 = 8$（个），所以有 $48 \div 8 = 6$（个）雨天．

列出综合式：$[20 \times (112 \div 14) - 112] \div (20 - 12) = 6$(天)．

解法二： 假设这 8 天全是雨天，可以列出综合式．

$$112 \div 14 - [112 - 12 \times (112 \div 14)] \div (20 - 12) = 6(天).$$

解法三（方程方法）： 设雨天为 x 天，则晴天为（$8-x$）天．根据题意得

$$12x + 20 \times (8 - x) = 112$$
$$x = 6.$$

说明： 本题实际是"鸡兔同笼"问题．晴天与雨天共 8 天，用"连续几天共采了 112 个松子，平均每天采 14 个"隐藏起来了．本题可以变成"小晴精灵与小雨精灵共 8 个，每个小晴精灵有 20 只脚，每个小雨精灵有 12 只脚．问有

多少个小晴精灵？有多少个小雨精灵？"这不就是我们会解的"鸡兔同笼"问题嘛！

"鸡兔同笼"问题列得的方程组是 $\begin{cases} x+y=a \\ 2x+4y=b \end{cases}$ 型的二元一次方程组. 如果将鸡和兔换成一般的两种物品，甲物品有 m 个足，乙物品有 n 个足，问题变为解 $\begin{cases} x+y=a \\ mx+ny=b \end{cases}$ 型的二元一次方程组.

进一步发展，系数 m 和 n 也不必都是整数.

例7 明程大位《算法统宗》将题编为诗歌体，在民间广为流传：一百馒头一百僧，大僧三个更无争，小僧三人分一个，大小和尚各几丁？

译：有 100 个和尚吃 100 个馒头，大和尚一人吃 3 个，小和尚 3 人吃一个. 求大、小和尚各多少人？

古法解法（明程大位《算法统宗》解法）：置僧一百为实（被除数），以三、一并得四为法（除数）除之，得大僧二十五个……

理由如下：大和尚 1 人吃 3 个馒头；小和尚 3 人吃 1 个馒头；

所以大、小和尚共 4 人，吃 4 个馒头.　　　　　　　　　　　　①

现已知大、小和尚共 100 人，吃 100 个馒头.　　　　　　　　　②

其中②中的数 100 是①中的数 4 的 25 倍，由①知大、小和尚 4 人中有大和尚 1 人，所以大、小和尚 100 人中有大和尚 25 人.

即 $100 \div (3+1) = 25$（大和尚数）；$100 - 25 = 75$（小和尚数）.

算术解法：假定大、小和尚每人都吃 3 个馒头，则 100 人要吃 $3 \times 100 = 300$（个）馒头，显然多吃了 200 个馒头. 为什么？因为一个小和尚多吃 $3 - \dfrac{1}{3} = \dfrac{8}{3}$（个）馒头，200 个馒头是由 $200 \div \dfrac{8}{3} = 75$（个）小和尚多吃的，即小和尚有 75 人，大和尚有 100-75=25（人）.

方程解法：设大和尚有 x 人，小和尚有 y 人，则

$$\begin{cases} x+y=100 \\ 3x+\dfrac{1}{3}y=100 \end{cases}.$$

解得 $\begin{cases} x=25 \\ y=75 \end{cases}$.

著名的数学家沈康身教授（1923.9.2—2009.1.14）在写的书中回忆说："代数学前辈樊畿（1914.9.19—2010.3.22）先生早年写了一篇题为《两种问题》的文章，都是定和问题，都采自民间，乡土气息很是浓郁.

问题：一百馒头一百和尚吃，大和尚每人吃两个，小和尚两人分一个. 剩下半个喂狗吃. 问你大、小和尚各多少个？

这个问题大家一定会解，其实是：把 $99\frac{1}{2}$ 个馒头给一百个和尚吃，大和尚每人吃两个，小和尚两人分一个. 问你大、小和尚各多少人？

答：大和尚 33 人，小和尚 67 人.

8.3 由"鸡兔同笼"问题推广到一般情况

"鸡兔同笼"问题的一般情况，其实就是混合物问题. 比如"今有雉兔同笼，上有三十五头，下有九十四足. 问雉兔各几何？"可改写为"买鸡、兔各一只花 35 元，若买 2 只鸡和 4 只兔共花 94 元. 问鸡、兔每只各多少元？"

设鸡每只 x 元，兔每只 y 元，则列得方程组

$$\begin{cases} x+y=35 \\ 2x+4y=94 \end{cases}.$$

解得 $\begin{cases} x=23 \\ y=12 \end{cases}.$

可见，鸡兔模型实际是民间实用算术中混合物模型的一种特例. 这种混合物问题，在中国起源很早，在江陵张家山汉简《算数书》中记载有如下的问题.

例 8 粝米二斗三钱，粺米三斗二钱. 今有粝、粺十斗，卖得十三钱. 粝、粺各几何？

译：好米二斗卖三钱，次米三斗卖二钱. 两种米共卖出十斗，卖得十三钱. 好米、次米各卖出多少斗？

解：好米二斗卖三钱，每斗好米卖 $\frac{3}{2}$ 钱；次米三斗卖二钱，每斗次米卖 $\frac{2}{3}$ 钱. 设好米卖出 x 斗，次米卖出 y 斗，则依题意列出方程组

$$\begin{cases} x+y=10 \\ \dfrac{3}{2}x+\dfrac{2}{3}y=13 \end{cases}.$$

解得 $\begin{cases} x=7\dfrac{3}{5} \\ y=2\dfrac{2}{5} \end{cases}.$

古人解法：如果都卖粝（好）米，10 斗卖 15 钱，钱赢 2．原因是一斗次米当好米卖，可赚钱 $\dfrac{3}{2}-\dfrac{2}{3}$，即 $\left(\dfrac{3}{2}-\dfrac{2}{3}\right)y=15-13=2$，所以 $y=2\dfrac{2}{5}$．

如果都卖秕（次）米，10 斗米共卖 $\dfrac{2}{3}\times 10=6\dfrac{2}{3}$ 钱，钱亏 $13-6\dfrac{2}{3}=6\dfrac{1}{3}$．原因是一斗好米当次米卖，少赚钱 $\dfrac{3}{2}-\dfrac{2}{3}$，即 $\left(\dfrac{2}{3}-\dfrac{3}{2}\right)x=\dfrac{20}{3}-13=-\dfrac{19}{3}$，所以 $x=7\dfrac{3}{5}$．

古人发现，这种混合物问题与盈亏问题存在内在联系．

例 9　鸡、兔共有脚 100 只，若将鸡换成兔，兔换成鸡，则共有脚 86 只．鸡、兔各有几只？

解：设有鸡 x 只，兔 y 只．依题意列得方程组

$$\begin{cases} 2x+4y=100 \\ 4x+2y=86 \end{cases}.$$

解得 $\begin{cases} x=12 \\ y=19 \end{cases}.$

则鸡有 12 只，兔有 19 只．

例 10　两筐苹果共 110 千克．现取出甲筐苹果的 $\dfrac{1}{5}$ 和乙筐苹果的 $\dfrac{1}{4}$，共 25 千克慰问病号．问甲、乙两筐原有苹果各多少千克．

解：设甲筐原有 x 千克苹果，乙筐原有 y 千克苹果，则依题意列得方程组

$$\begin{cases} x+y=110 \\ \dfrac{1}{5}x+\dfrac{1}{4}y=25 \end{cases}.$$

解得 $\begin{cases} x=50 \\ y=60 \end{cases}.$

即甲筐原有 50 千克苹果，乙筐原有 60 千克苹果．

例 11　买一些 4 分和 8 分的邮票，共用去 6 角 8 分．已知 8 分的邮票比 4

分的邮票多 4 张，那么两种邮票各买了多少张？

解：设买 4 分邮票 x 张，8 分邮票 y 张，则买 4 分邮票用 $4x$ 分，买 8 分邮票用 $8y$ 分. 依题意得

$$\begin{cases} y - x = 4 \\ 4x + 8y = 68 \end{cases}.$$

解得 $\begin{cases} x = 3 \\ y = 7 \end{cases}.$

所以，买 4 分邮票 3 张，买 8 分邮票 7 张.

例 12 在中国古代数学著作《孙子算经》里，下卷有问题 27："今有兽六首四足，禽四首二足. 上有七十六首，下有四十六足. 禽、兽各几何？"

解：用方程法求解. 设禽 x 只，兽 y 只. 则禽 $4x$ 个头，兽 $6y$ 个头. 禽 $2x$ 只足，兽 $4y$ 只足.

依题意列得方程组

$$\begin{cases} 4x + 6y = 76 & ① \\ 2x + 4y = 46 & ② \end{cases}$$

$2 \times$ 式② $-$ 式① 得，$2y = 16, y = 8$（兽只数）.

将代入式②得，$2x = 46 - 4 \times 8 = 14.$

$x = 7$（禽只数）.

说明：本题本质上也是"鸡兔同笼"型问题. 打破了一兽一头的限制，想象出一兽多头，涉及一般情况的二元一次联立方程组. 古法"术曰：倍足以减首（$2 \times$ 式② $-$ 式①），余，半之（除以 2），即兽（$y = 8$）. 以四乘兽，减足（以 $y = 8$ 代入式②），余，半之（除以 2），即禽（$x = 7$）." 可见，古人实际上是用算筹来解二元一次联立方程组的，其中有消元法，也有代入法. 古人想象有 6 头 4 足的兽和 4 头 2 足的鸟，使"鸡兔同笼"问题推广到更一般的情况，是难能可贵的.

例 13 某班共 36 人买了铅笔，共买了 50 支，有人买了 1 支，有人买了 2 支，有人买了 3 支. 如果买 1 支的人数是其余人数的 2 倍，则买 2 支铅笔的人数是_____.（第 16 届华罗庚金杯少年数学邀请赛总决赛小学组二试试题 1）

解：设买 1 支铅笔的人数为 x，则有 $x = 36 \times \dfrac{2}{3} = 24.$

买 2 支和 3 支铅笔的人数为 $36-24=12$（人），他们共买铅笔数为 $50-24=26$（支）.

为求买 2 支铅笔的人数，假设买 2 支和 3 支铅笔的学生每人都买了 3 支，求出买 2 支的人数：$(12\times3-26)\div(3-2)=10$（人）.

也可以设买 2 支和 3 支铅笔的人数分别为 y 和 z，则可列出方程：

$$\begin{cases} y+z=12 \\ 2y+3z=26 \end{cases}.$$

解得 $y=10$（人）.

例 14 小丁是个热爱科学的孩子，他刚刚在自然课上了解到：蜘蛛有 8 条腿，蜻蜓有 6 条腿和两对翅膀，蝉有 6 条腿和一对翅膀．现在这 3 种小虫共有 18 只，总共有 118 条腿和 20 对翅膀，则这 18 只小虫中有蝉多少只？

分析：题目中出现了三种小动物，而"鸡兔同笼"问题的笼子中原来只有两种小动物，因此首先要思考的就是如何把三种小动物转化为两种小动物．注意到蜻蜓和蝉都有 6 条腿，因此先从腿的数量入手，把蜻蜓和蝉当作同类动物．

解法一：假设 18 只小虫中没有蜘蛛，也就是每只小虫都有 6 条腿，利用"鸡兔同笼"问题的方法可得蜘蛛的数量为$(118-18\times6)\div(8-6)=5$（只）.

蜻蜓和蝉的数量为 $18-5=13$（只）.

假设这 13 只都是蜻蜓，那么应有 $13\times2=26$ 对翅膀，于是可得蝉的数量为 $(26-20)\div(2-1)=6$（只）.

解法二：设蜘蛛 x 只，有腿 $8x$ 条；蜻蜓 y 只，有腿 $6y$ 条，翅膀 $2y$ 对；蝉 z 只，有腿 $6z$ 条，翅膀 z 对．则依题意列得方程

$$\begin{cases} x+y+z=18 \\ 8x+6y+6z=118 \\ 2y+z=20 \end{cases}.$$

解得 $\begin{cases} x=5 \\ y=7 \\ z=6 \end{cases}$.

说明：在"鸡兔同笼"问题中，如果每只小动物的腿数（或翅膀数）相同，那么这两种小动物可以看作同一类来计算．应用题世界是一个万花筒，里

面包含着千千万万种有意思的应用题．把这些题目都做一遍是不可能的，那么关键就在于掌握其中的思想和方法．方程解法只需要将日常语言翻译成数学关系式，找到数量的相等关系，就可以列得方程．

例 15　蜘蛛有 8 条腿，蜻蜓有 6 条腿和 2 对翅膀，蝉有 6 条腿和 1 对翅膀．现有这三种小虫 16 只，共有 110 条腿和 14 对翅膀．问：每种小虫各几只？

解：假设蜻蜓有 x 只，蝉有 y 只，则蜘蛛有（$16-x-y$）只，因此得

$$\begin{cases} 6x+6y+8(16-x-y)=110 \\ 2x+y=14 \end{cases}.$$

解得 $\begin{cases} x=5 \\ y=4 \end{cases}.$

因此蜘蛛有 $16-5-4=7$（只），蝉有 4 只，蜻蜓有 5 只．

"鸡兔同笼"问题在明清时期更有推广，例如下面两道例题．

例 16　明程大位《算法统宗》卷 11，设题：

> 三足团鱼六眼龟，共同山下一深池．
>
> 九十三足乱浮水，一百二眼将人窥．
>
> 或出或没往东西，倚栏观看不能知．
>
> 有人算得无差错，好酒重斟赠数杯．

答：团鱼 15 个，龟 12 个．

例 17　清李汝珍《镜花缘》第 85 回说：宗伯府的女主人卞宝云邀请众才女到府中观灯．只见楼上楼下挂着彩球的灯五彩缤纷，煞是好看．但是高低错落很难点清共有多少盏灯．才女米兰芬精通筹算，卞宝云就邀她计算，相当于命题："楼上彩灯有两种：一种上有 3 个大球、下有 6 个小球，另一种则上有 3 个大球、下有 18 个小球．楼下彩灯也有两种：一种上有 1 个大球、下有 2 个小球，另一种则上有 1 个大球、下有 4 个小球．已知楼上共有大球 396 个，小球 1440 个，楼下共有大球 360 个，小球 1200 个．楼上、楼下各有彩灯多少？"

答：楼下的灯与"鸡兔同笼"是同一个模式，所以米兰芬的解法是 $1200\div2-360=240$（第二种灯数），而第一种灯数显然是 $360-240=120$．楼上的灯是"鸡兔同笼"的推广，米兰芬的解法是 $(1440\div2-396)\div6=54$（第二种灯数），而第一种灯数是 $(396-3\times54)\div3=78$．

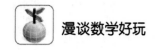

8.4　缺少一个条件的"鸡兔同笼"问题

我们再回到例 1 的试算方法. 我们是在总头数是 35 的情况下，试算总足数. 如果知道总足数是 94，那么它们的总头数如何计算呢？

设鸡为 x 只，兔为 y 只. 已知 $2x + 4y = 94$. 求 $x + y$.

解：由 $2x + 4y = 94$ 得 $x + 2y = 47$，故 x 为奇数，又因 x, y 为正整数，所以 $0 < y \leqslant 23$.

易知 $y = \dfrac{47 - x}{2}$. 代入 x 的值 1，3，5，7，9，11，13，15，17，19，21，23，得到相应的 y 值：23，22，21，20，19，18，17，16，15，14，13，12. 得到 $x + y$ 的值对应为 24，25，26，27，28，29，30，31，32，33，34，35.

我们直观地看一看：在 $x - O - y$ 平面直角坐标系中，函数 $y = \dfrac{1}{2}(47 - x) = 23.5 - 0.5x$ 的图像是一条直线. $(1, 23), (3, 22), \cdots, (23, 12)$ 是这条直线上的 12 个整点（横纵坐标都是整数的点）.

我们再画出直线 $y = 35 - x$，在图象中可以看到两直线的交点坐标为 $(23, 12)$.

这恰好是我们例 1 的解（如图 8.5 所示）.

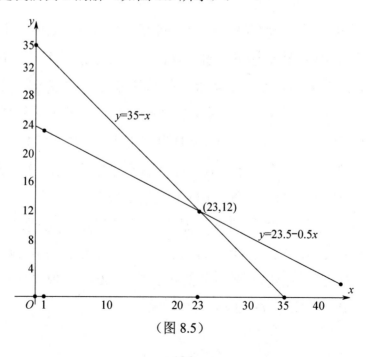

（图 8.5）

所以，从函数的观点看，我们又给出了例 1 的图象解法. 其实对于"鸡兔同笼"问题，都可以用这种图象解法.

　　我们现在感兴趣的是缺少一个条件的"鸡兔同笼"问题，比如方程 $2x+4y=94$,这种有两个未知数但只有一个等式的方程，叫作二元一次不定方程，它有无穷多组解. 如果限定在正整数范围内求解，往往解的范围大大缩小，甚至是有限个解. 这样，由对"鸡兔同笼"问题的一个条件的研究，就得到当 a,b,c 都是整数时，对 $ax+by=c$ 的整数解的一般研究.

　　歌剧《刘三姐》中有一个精彩的片段，说的是刘三姐与三位秀才对歌. 三位秀才自恃有学问，对歌时给刘三组出了一道难题.

　　罗秀才："三百条狗交给你，一少三多四下分；不要双数要单数，看你怎样分得清？"

　　刘三姐不慌不忙地示意舟妹巧妙作答："九十九条打猎去，九十九条看羊来，九十九条守门口，剩下三条."

　　三个秀才忙问："怎么样？"

　　众人合唱 ："财主请来当奴才！"

　　舟妹回答得非常绝妙，三位秀才搬起石头砸了自己的脚.

　　其实罗秀才出的是一道数学题，把三百条狗分成四群，每群的条数都是奇数，一群少，三群多，问你应如何拆分？

　　舟妹在解题时添加了"三群多的数目是 3 个相同的奇数"的条件，寻求特解. 我们设三群多的每群都有 x 条狗，少的一群有 y 条狗. 依题意列出方程 $3x+y=300$，且 x,y 是满足 $0<y<x<100$ 的奇数，这个方程式是二元一次方程.

　　由 $3x+y=300$，知 $3 \mid y$，所以 y 是能被 3 整除的奇数. 又因为 $4y<3y+x=300$,则 $y<75$. 所以奇数 y 只能取 3、9、15、…、63、69 十二个值. 于是得出下表.

y	3	9	15	21	27	33	39	45	51	57	63	69
x	99	97	95	93	91	89	87	85	83	81	79	77

　　舟妹正确地回答了其中的一组：$300 = 99 + 99 + 99 + 3$，大家可能看过电影《刘三姐》，也听过歌词，大概没有留意过这个不定方程吧！其实我们遇到的问题经常有二元一次不定方程，它是最简单的不定方程. 我们就从二元一次

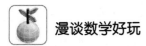

不定方程谈起吧!

例 18 选购 3 元一张和 5 元一张的邮票各若干张,恰好用了 1000 元. 问有多少种选购方法.

解: 设购买 3 元一张的邮票 x 张,5 元一张的邮票 y 张,价值总计 1000 元. 可依题意列得方程

$$3x + 5y = 1000$$

这是一个二元一次不定方程,其系数为整数,求的是非负整数解,属于最简单的丢番图方程,可以用如下的"整数分离法"讨论求解.

易知 $x = \dfrac{1000-5y}{3} = 333 - 2y + \dfrac{y+1}{3}$,最后一项 $\dfrac{y+1}{3}$ 应为整数. 设 $k = \dfrac{y+1}{3}$,则有 $y = 3k-1$,$x = 333-2(3k-1)+k = 335 - 5k$. 显然,$0 \leqslant 335-5k < 335$,即 $0 < k \leqslant 67$,所以可以有 67 种选购方法.

例 19 两个班植树,一班每人植 3 棵,二班每人植 5 棵,共植树 115 棵,两班人数之和最多为_____人. (第 20 届华杯赛决赛小中试题 4)

解: 本题是简单的不定方程正整数解的讨论问题.

设一班有学生 x 人,二班有学生 y 人,则依题意得 $3x+5y=115$.

易知 $5|x$. 由 $3x<115$,则有 $x<38$. 所以可以用 $x=5,10,15,20,25,30,35$ 试算.

一班人数	二班人数	两班人数之和
5	20	25
10	17	27
15	14	29
20	11	31
25	8	33
30	5	35
35	2	37

答: 两班人数之和最多为 37 人.

例 20 小华和小明用纸剪多边形,小华只剪正方形,小明只剪凸五边形. 若两人剪出的多边形共有 35 条边,则所剪的多边形中的内角最多有(　　)个直角. (第 20 届华杯赛初赛初一试题 2)

　　(A) 29　　　　(B) 26　　　　(C) 23　　　　(D) 20

解：设小华剪正方形 x 个，小明剪凸五边形 y 个.

依题意可得，$4x+5y=35$. 易知 $x\leqslant 8, 5\,|\,x$. 所以 $x=0$ 或 5.

所以 $\begin{cases} x=0 \\ y=7 \end{cases}$，$\begin{cases} x=5 \\ y=3 \end{cases}$.

由于一个正方形有 4 个直角，一个五边形最多有 3 个内角是直角. 要使所剪的多边形中内角是直角的数量最多，应取 $x=5, y=3$.

故所剪的多边形的内角中最多可有 $4\times5+3\times3=29$（个）直角，选择（A）.

例 21　稀释一种农药需要 2 千克清水，现有两只水桶，一只盛满水恰好是 13 千克，另一只盛满水恰好是 8 千克. 现用压水机由井中汲取清水，请你只用这两只水桶设法取出 2 千克清水来，简要说明你的操作过程.

分析：设大水桶盛水 x 次，小水桶盛水 y 次，经过适当操作可完成此任务. 也就是说，$13x-8y=2$. 观察可知，$x=2$，$y=3$ 是一组解. 操作过程如下：

（1）先把大水桶盛满水，将水倒入小水桶，小水桶满后倒掉水. 把大水桶中剩的 5 千克水倒进小水桶.

（2）将空的大水桶再盛满水，向已有 5 千克水的小水桶注水 3 千克，将小水桶注满后倒掉小水桶的水. 这时大水桶中还有 10 千克水. 将大水桶中的水注满小水桶后，大水桶中恰好剩 2 千克水.

答：过程如图 8.6 所示.

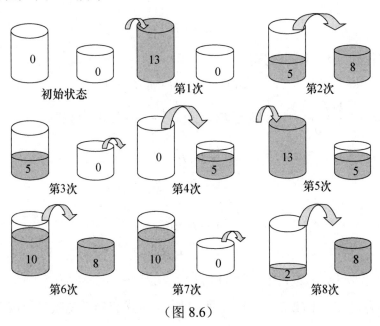

（图 8.6）

上面的例题都涉及由两个未知数组成、未知数的次数都是一次的方程的整数解的问题. 下面我们对该问题进行讨论.

形为 $ax+by=c$ 的方程称为二元一次方程. 它的解法已有系统的理论.

定理 1. 如果不定方程 $ax+by=c$ $(a,b,c\in \mathbf{Z})$ （*）中 $(a,b)\nmid c$. 则方程式（*）没有整数解.

证明: 设 $d=(a,b)$ ，则 $a=md, b=nd$. 其中 m , n 都是整数，且 $(m,n)=1$.

则原方程变为 $mdx+ndy=c$ ，即 $d(mx+ny)=c$.

假设存在整数 x , y 满足方程式（*），则 $d\mid c$，这与 $(a,b)\nmid c$，即 $d\nmid c$ 矛盾！所以方程式（*）没有整数解.

这样一来，若不定方程 $ax+by=c$ $(a,b,c\in \mathbf{Z})$ （*）有整数解，则只在 $(a,b)\mid c$ 的情况下寻找解即可. 分两种情况:

若式（*）中，当 $d=(a,b)>1$ 且 $d\nmid c$ 时，则无整数解.

当 $d=(a,b)=1$ 时，我们将 a, b, c 的最大公约数约去，仅就 $d=(a,b)=1$ 讨论.

定理 2. 不定方程 $ax+by=c$ $(a,b,c\in \mathbf{Z})$ （*），其中 $(a,b)=1$，有无穷多个整数解. 则这些解可以用公式 $x=\alpha+bt, y=\beta-at$ 给出，其中 (α,β) 是方程式（*）的某个特解.

证明: 设 $x=\alpha, y=\beta$ 是方程式（*）的某个特解. 代入方程式（*）成为恒等式

$$a\alpha+b\beta=c$$

由原方程式（*）减去它得

$$a(x-\alpha)+b(y-\beta)=0$$

因此 $x=\alpha+\dfrac{b(\beta-y)}{a}$ ，x 是整数，则 $\dfrac{b(\beta-y)}{a}$ 必须为整数.

即 $a\mid b(\beta-y)$. 但 $(a,b)=1$，所以 $a\mid \beta-y$.

设

$$\frac{\beta-y}{a}=t,(t\in \mathbf{Z}).$$

则

$$y=\beta-at.$$

进而有

$$x=\alpha+bt.$$

例 22 求方程式 $2x+3y=2004$ 的所有整数解.

解: 因为 $(2,3)=1, (2,3)\mid 2004$，所以原方程有解. 观察知 $(1002, 0)$ 是一组

特解, 所以通解为 $\begin{cases} x = 1002 + 3t \\ y = 0 - 2t = -2t \end{cases}$ $(t \in \mathbf{Z})$.

通解是直线 $2x + 3y = 2004$ 上的整点. 给出了直线的方程, 我们由"鸡兔同笼"问题解法的联想, 居然可以求这条直线上横、纵坐标都是整数的点. 这已经超出了"鸡兔同笼"问题的意义了.

例 23　求直线 $2x + 4y = 94$ 上坐标为正整数点的个数.

解: 直线 $2x + 4y = 94$ 上的正整数点, 就是直线 $x + 2y = 47$ 上的正整数点.

因为 $(1, 2) = 1$,　$(1, 2) \mid 47$, 所以原方程有解. 观察可得特解 $(1, 23)$.

所以通解为 $\begin{cases} x = 1 + 2t \\ y = 23 - t \end{cases}$ $(t \in \mathbf{Z})$.

要求直线 $x + 2y = 47$ 上的正整数点, 易知 $0 \leqslant t \leqslant 22$.

因此直线 $x + 2y = 47$ 上坐标为正整数的点为 $(1, 23), (3, 22), (5, 21), \cdots, (43, 2)$, $(45, 1)$, 共 23 个.

例 24　有边长都是 20 厘米的正方形地板砖与正六边形地板砖共 25 块, 总计有内角 110 个. 其中正六边形地板砖有____块. 如果不准切割地板砖, 直接用地板砖能铺设的正方形地面的面积最多为_____平方厘米. (第 25 届希望杯初一一试第 25 题)

解: 设正方形地板砖 x 块, 每块有 4 个内角, 正六边形地板砖 y 块, 每块有 6 个内角. 因此列得方程组 $\begin{cases} x + y = 25 \\ 4x + 6y = 110 \end{cases}$, 解得 $\begin{cases} x = 20 \\ y = 5 \end{cases}$. 所以有正六边形地板砖 5 块.

由于不准切割地板砖而直接铺设正方形地面, 则只能利用这 20 块边长为 20 厘米的正方形地板砖中的最多 16 块, 因此铺设正方形地面的最大面积为 $(20 \times 4)^2 = 6400$ (平方厘米).

例 25　猜生日游戏: 请将你生日的月份数与 31 的乘积、日数与 12 的乘积相加, 得到一个和数. 只要告诉我最后得到的和数, 不出 5 分钟, 我就能猜出你的生日是几月几号.

比如, 你告诉我最后的和数为 376. 那么你的生日是几月几号?

分析: 设你的生日为 x 月 y 日, 其中 x, y 都是正整数, 且 $1 \leqslant x \leqslant 12, 1 \leqslant y \leqslant 31$, 且满足关系式 $31x + 12y = 376$. 这是一个求二元一次不

定方程正整数解的问题.

如何思考呢？先看到 376 与 12 都能被 4 整除，所以 $31x$ 能被 4 整除，由于 31 与 4 互质，所以 x 能被 4 整除，因此 x 只能取 4 或 8 或 12. 到底取 4 还是 8 还是 12 呢？再看 376 被 3 除余 1，$12y$ 能被 3 整除，所以 $31x$ 被 3 除余 1，而 31 被 3 除余 1，所以 x 要被 3 除余 1. 因此 $x=4$. 上述过程心算只需一分钟就够了.

而 $12y=376-31\times4=376-124=252$，所以 $y=\dfrac{252}{12}=21$. 即你的生日是 4 月 21 日. 整个计算过程不会超过 3 分钟.

解：由于每个人的生日不一样，一般是化该问题为在 x,y 都是正整数，且 $1\leqslant x\leqslant12,1\leqslant y\leqslant31$ 的条件下，求不定方程 $31x+12y=a$ 的正整数解，其中 a 是满足 $43\leqslant a\leqslant744$ 的整数.

根据不定方程正整数解的理论，因为 $(31,12)\,|\,a$，所以方程有整数解.

对于具体问题可以用整数分离法来求解.

比如，我们用整数分离法解 $31x+12y=376$，即

$$y=\frac{376-31x}{12}=\frac{31\times12+4-24x-7x}{12}=31-2x+\frac{4-7x}{12}=31-2x+t，\text{其中 }t=$$

$\dfrac{4-7x}{12}$，也就是 $x=\dfrac{4-12t}{7}$.

当 $t=-2$ 时，$x=4,y=31-2\times4+(-2)=21$. 即求出答案 $x=4,y=21$.

进一步想，这个游戏一定能成功吗？如果不定方程 $31x+12y=a$ 有两组解怎么办呢？我们证明，在 $1\leqslant x\leqslant12,1\leqslant y\leqslant31$ 的条件下，不定方程 $31x+12y=a$ 只有唯一一组正整数解.

假设有两组正整数 $(x_1,y_1),(x_2,y_2)$ 满足不定方程 $31x+12y=a$，即

$$\begin{cases}31x_1+12y_1=a & \text{①}\\ 31x_2+12y_2=a & \text{②}\end{cases}$$

由式①-式②得 $31(x_1-x_2)+12(y_1-y_2)=0$，则 $31\,|\,12(y_1-y_2)$，31 与 12 互质，所以 $31\,|\,(y_1-y_2)$. 又因为 $-30\leqslant y_1-y_2\leqslant30$，所以 $y_1=y_2$，从而 $x_1=x_2$.

因此解的唯一性得证.

明白了上述方法和道理，你就可以大胆、放心地玩好这个猜生日游戏了.

进一步，我们自然会想到：三元一次不定方程如何求整数解？请看例题.

例 26　求方程式 $28x + 30y + 31z = 365$ 的非负整数解.

解：由于 $31z \leqslant 365$，则 $z \leqslant \dfrac{365}{31} < 12$，即 $z \leqslant 11$. 显然，z 应为奇数，所以 z 可以取 1，3，5，7，9，11.

（1）当 $z=1$ 时，原方程为 $28x + 30y = 334$，即 $14x + 15y = 167$.

同样，y 也只能取奇数 1，3，5，7，9，11，列表得

y	1	3	5	7	9	11
x	$\dfrac{76}{7}$	$\dfrac{61}{7}$	$\dfrac{46}{7}$	$\dfrac{31}{7}$	$\dfrac{16}{7}$	$\dfrac{1}{7}$

x 无非负整数解，因此原方程当 $z=1$ 时无非负整数解.

（2）当 $z=3$ 时，原方程为 $28x + 30y = 272$，即 $14x + 15y = 136$.

y 只能取偶数 0，2，4，6，8，列表得

y	0	2	4	6	8
x	$\dfrac{68}{7}$	$\dfrac{53}{7}$	$\dfrac{38}{7}$	$\dfrac{23}{7}$	$\dfrac{8}{7}$

x 无非负整数解，因此原方程当 $z=3$ 时无非负整数解.

（3）当 $z=5$ 时，原方程为 $28x + 30y = 210$，即 $14x + 15y = 105$.

y 只能取奇数 1，3，5，7，列表得

y	1	3	5	7
x	$\dfrac{45}{7}$	$\dfrac{30}{7}$	$\dfrac{15}{7}$	0

原方程有非负整数解 $x = 0$，$y = 7$，$z = 5$.

（4）当 $z=7$ 时，原方程为 $28x + 30y = 148$，即 $14x + 15y = 74$.

y 只能取偶数 0，2，4，列表得

y	0	2	4
x	$\dfrac{37}{7}$	$\dfrac{22}{7}$	1

原方程有非负整数解 $x = 1$，$y = 4$，$z = 7$.

（5）当 $z = 9$ 时，原方程为 $28x + 30y = 86$，即 $14x + 15y = 43$.

y 只能取 1，此时 $x = 2$，原方程有非负整数解 $x = 2$，$y = 1$，$z = 9$.

（6）当 $z = 11$ 时，原方程为 $28x + 30y = 24$，即 $14x + 15y = 12$，方程无非负整数解.

综上可得，原方程的非负整数解有三组：

$$x = 0, y = 7, z = 5; \quad x = 1, y = 4, z = 7; \quad x = 2, y = 1, z = 9.$$

通过上面三组解可以看到：方程式 $28x + 30y + 31z = 365$ 的非负整数解满足 $x + y + z = 12$ 这一性质.

例 27　黑海边的伯伯每晚安排自己的 33 个壮士中的 9 个或 10 个值夜班. 怎样安排，可以用最少的天数使得所有的壮士都值班同样的次数？

解：设 $m \geqslant 0$ 为 9 个壮士值班的天数，$n \geqslant 0$ 为 10 个壮士值班的天数. 则 $9m + 10n$ 应能被 33 整除. 易知 $9m + 10n = 33$ 应代入 $n = 1, 2, 3$ 实验，无非负整数解. 而方程 $9m + 10n = 66$ 有解 $m = 4, n = 3$. 容易得出 33 名壮士共值班 $m + n = 7$ 天，每个壮士恰好值班 2 次的值班表的例子如下表所示.

周一	1	2	3	4	5	6	7	8	9	10
周二	1	2	3	4	5	6	7	8	9	10
周三	11	12	13	14	15	16	17	18	19	
周四	20	21	22	23	24	25	26	27	28	29
周五	20	21	22	23	24	25	26	27	28	
周六	30	31	32	33	15	16	17	18	19	
周日	11	12	13	14	33	32	31	30	29	

如果 $9m + 10n \geqslant 99$，则 $m + n \geqslant \dfrac{99}{10} > 7$，这意味着最少天数等于 7.

例 28　1979 年，理论物理学家李政道教授到中国科技大学访问，为中国科大少年班的孩子们出了一道有趣的智力测验题：

有五只猴子在海边平分一堆桃子，怎么也平分不了，于是大家决定先睡觉明天再分. 半夜，一只猴子起来偷偷吃了一个桃子，余下的恰好能平分成五份，他藏起自己的一份后继续睡觉．过一会，第二只猴子也起来吃了一个桃子，余下的刚好又能平分为五份，他也拿走了自己的一份后继续睡觉．其余的猴子都同样仿效：吃一个桃子，再拿走剩下的五分之一．第二天起来后，这五只猴子将一个桃子丢进大海，余下的恰好能分成五份，五只猴子高高兴兴地各拿走了一份，至此桃子全部分完．问这堆桃子至少有多少个．

人们想到列方程，可设这堆桃子为 x 个，第二天起来后每只猴子各拿去的桃子为 a 个，则根据题意列得如下方程：

$$\frac{1}{5}\left\{\frac{4}{5}\left[\frac{4}{5}\left(\frac{4}{5}\left(\frac{4}{5}\left(\frac{4}{5}(x-1)-1\right)-1\right)-1\right)-1\right]-1\right\}=a.$$

这是个不定方程，求解运算并不容易．

其实冷静下来想一想，这是一道简单的算术题：因为这堆桃子的总数，以及每只猴子夜里起来处理的桃子个数都是被 5 除余 1 的．因此我们假想给这堆桃子增加 4 个桃子，那么它就能均分为 5 份．并且半夜第一只猴子起来后吃掉一个加上拿走的桃子，就是总数增加 4 个桃子后的五分之一．其他猴子吃掉及拿走的桃子都是前一只猴子余下桃子的五分之一．这样，第二天起来后剩余的桃子也恰好能均分为五份，而不必丢一个到大海．因此这堆桃子增加 4 个后，总数至少能连续 6 次被 5 整除，即这堆桃子的总数至少有 $5^6 = 15625$ 个，将添加的 4 个桃子减去，从而这堆桃子的总数至少有 $5^6 - 4 = 15621$ 个．

数学思维总是追求最简单、最平易的解法，这种解法正是数学思维给人们带来的美感享受，是解数学题时最能吸引人的地方．

8.5　"鸡兔同笼"问题与三元一次不定方程组

上节的例 14、例 15 中，已经涉及三种物品的混合问题了，由于条件特殊，可以转化为"鸡兔同笼"模型来解决．然而，一般情况如何求解呢？

在《孙子算经》出现以后约 500 年，中国又出现了一位杰出的数学家张邱建，写了一本《张邱建算经》，其中有一道"百钱买百鸡"的问题，非常有名，这可以看作三种动物的混合问题的推广．

例 29 鸡翁一，值钱五，鸡母一，值钱三，鸡雏三，值钱一，百钱买百鸡. 鸡翁、母、雏各几何？

译文：1 只公鸡值 5 钱，一只母鸡值 3 钱，1 钱可买 3 只小鸡. 今用 100 钱买 100 只鸡. 则公鸡、母鸡、小鸡各有几只？

解：假设有公鸡 x 只，母鸡 y 只，小鸡 z 只，联立方程组：

$$\begin{cases} x+y+z=100 & ① \\ 5x+3y+\dfrac{1}{3}z=100 & ② \end{cases}$$

由式①式②消去 z，再简化得：$7x+4y=100$. ③

因 x，y 是非负整数，由式③可知，$4\,|\,x$，这样可以列表求值.

x	0	4	8	12	16	20	⋯
y	25	18	11	4	−3	−10	⋯
相应的 z	75	78	81	84	87	90	⋯

所以不定方程组的非负整数解共有四组：

$$\begin{cases} x=0 \\ y=25 \\ z=75 \end{cases}; \quad \begin{cases} x=4 \\ y=18 \\ z=78 \end{cases}; \quad \begin{cases} x=8 \\ y=11 \\ z=81 \end{cases}; \quad \begin{cases} x=12 \\ y=4 \\ z=84 \end{cases}.$$

《张邱建算经》中考虑每种鸡都要买，给出了如下三组正整数解：

公鸡、母鸡、小鸡：$(4, 18, 78)$； $(8, 11, 81)$； $(12, 4, 84)$.

"百钱买百鸡"型的不定方程是两种混合问题的推广. 退一步讲，如果不卖公鸡，则问题变为"一只母鸡值 3 钱，1 钱可买 3 只小鸡. 今用 100 钱买 100只鸡. 问：母鸡、小鸡各有几只？"答案应为母鸡 25 只，小鸡 75 只. 在这个基础上，张邱建说：公鸡每增 4 只，母鸡每减 7 只，小鸡每增 3 只，就得到答案. 我们知道本题的通解是

$$\begin{cases} x=0+4t \\ y=25-7t \\ z=75+3t \end{cases},$$

其中 t 取 1，2，3，恰得到上述三组正整数解.

解百鸡问题与例 7 "百僧吃百馍"问题类似. 如果不买公鸡，就变成了"百僧吃百馍"问题，得解（0，25，75）. 又发现公鸡数为 4 的倍数，小鸡数是 3 的倍数，所以当公鸡数为 4，8，12 时，就可以分别得到另外三组解. 可见

"百钱买百鸡"问题是"百僧吃百馍"问题的自然延伸.

例 30 一百块瓦,一百匹马. 儿马驮仨(块),克马驮俩(块),马驹驮半块. 儿马、克马、马驹各几匹?

解: 设儿马 x 匹,克马 y 匹,马驹 z 匹. 则由题意得

$$\begin{cases} x+y+z=100 & ① \\ 3x+2y+\dfrac{1}{2}z=100 & ② \end{cases}$$

式②×2-式① 得 $5x+3y=100$ ③

易知 $5\,|\,y$ 且 $0<y\leqslant 33$,因此 y 只能取 5,10,15,20,25,30 这六个值.

将 y 值代入式③求得 x 值,再将 x,y 值代入式①求得相应的 z 值,可得如下的六组解:

$$\begin{cases} x=17 \\ y=5 \\ z=78 \end{cases};\ \begin{cases} x=14 \\ y=10 \\ z=76 \end{cases};\ \begin{cases} x=11 \\ y=15 \\ z=74 \end{cases};\ \begin{cases} x=8 \\ y=20 \\ z=72 \end{cases};\ \begin{cases} x=5 \\ y=25 \\ z=70 \end{cases};\ \begin{cases} x=2 \\ y=30 \\ z=68 \end{cases}.$$

例 31 一百文钱买一百个泥菩萨. 韦驮三文钱一尊,观音七文钱一尊,罗汉一文钱七尊. 问:你每种买几尊?

解: 设买韦驮 x 尊,观音 y 尊,罗汉 z 尊,

则

$$\begin{cases} x+y+z=100 \\ 3x+7y+\dfrac{1}{7}z=100 \end{cases}.$$

解得

$$\begin{cases} x=18 \\ y=5 \\ z=77 \end{cases};\ \begin{cases} x=6 \\ y=10 \\ z=84 \end{cases}.$$

即韦驮 18 尊,观音 5 尊,罗汉 77 尊(或韦驮 6 尊,观音 10 尊,罗汉 84 尊).

例 32 图书采购员买 12 元一本、8 元一本及 3 元一本的三种书共 100 本,共花费 1000 元. 问有多少种采购方案.

解: 设买 12 元一本的书 x 本、8 元一本的书 y 本及 3 元一本的书 z 本. 则

$$\begin{cases} x+y+z=100 & ① \\ 12x+8y+3z=1000 & ② \end{cases}$$

这是一个典型的三元一次不定方程组. 所求的是非负整数解，可以消去一个未知数，变为二元一次不定方程，再设法讨论求解.

由式①得 $3x+3y+3z=300$，与式②消去 z 得 $9x+5y=700$.

由此 $y=\dfrac{700-9x}{5}=140-2x+\dfrac{x}{5}=140-2x+k$，其中 $k=\dfrac{x}{5}$，即 $x=5k$.

将 $x=5k$ 代入得 $y=140-9k$，$z=4k-40$.

下面讨论怎样的 k 值满足问题的要求.

由 $140-9k\geqslant 0,4k-40\geqslant 0$ 可知 $10\leqslant k\leqslant 15$.

所以 k 值取 10，11，12，13，14，15，有 6 种采购方案：

k 值	10	11	12	13	14	15
$x=5k$	50	55	60	65	70	75
$y=140-9k$	50	41	32	23	14	5
$z=4k-40$	0	4	8	12	16	20

例 33 某位古币收集者想要将手中的一枚 25 文的古币，兑换为 1 文、3 文、5 文的古币共 10 枚. 这个想法能实现吗？说明理由.

解： 若这位古币收集者的想法能实现，设将 25 文的古币兑换为 1 文的古币 x 枚、3 文的古币 y 枚、5 文的古币 z 枚. 则

$$\begin{cases} x+y+z=10 & ① \\ x+3y+5z=25 & ② \end{cases}$$

式②－式① 得 $2y+4z=15$.

该式左边是个偶数，右边是个奇数，矛盾！所以古币收集者的这个兑换古币的想法是不能实现的.

解决三元一次不定方程组，我们还是受了"鸡兔同笼"问题解法的启发！

例 34 小明购买了 10 分、15 分和 20 分三种面值的邮票共 30 张，面值的总和为 5 元，那么他买的 20 分邮票比 10 分邮票多_____张.（第 27 届希望杯初一一试题 18）

解： 不妨设 10 分、15 分和 20 分三种面值的邮票分别买了 a 张、b 张和 c 张，那么有

$$\begin{cases} a+b+c=30 & ① \\ 10a+15b+20c=500 & ② \end{cases}$$

式②－式①×15，得到 $5(c-a)=50$.

所以　$c - a = 10$.

例 35　某单位发年终奖 100 万元，其中一等奖每人 1.5 万元，二等奖每人 1 万元，三等奖每人 0.5 万元，如果三等奖与一等奖人数之差不少于 93 人，而小于 96 人，求获奖总人数.

解：设一等奖 x 人，二等奖 y 人，三等奖 z 人，则

$$1.5x + y + 0.5z = 100.$$

因为 $93 \leqslant z - x < 96$，所以 $(x + y + z) + 0.5x - 0.5z = 100$，即 $x + y + z = 100 + 0.5(z - x)$.

又因为 $93 \leqslant z - x < 96$，所以 $46.5 \leqslant 0.5(z - x) < 48$.

因此 $146.5 \leqslant x + y + z < 148$，因为人数为正整数，故 $x + y + z = 147$（人）.

8.6　"鸡兔同笼"问题与赢不足问题

我们经常遇到混合物问题. 比如将 23 斤的每斤 2 元的甲种茶叶与 12 斤的每斤 4 元的乙种茶叶混合，问每斤应定价多少元？

显然，每斤定价 $\dfrac{4 + 2}{2} = 3$（元）是不合理的. 因为，混合的两种茶叶斤数不同，每斤 2 元的甲种茶叶占的份额大，因此 3 元一斤定高了. 合理的算法是：$\dfrac{23 \times 2 + 12 \times 4}{23 + 12} = \dfrac{94}{35} = 2\dfrac{24}{35}$（元）.

大家对比一下例 1 的图形解法二，会看到 $\dfrac{2x + 4y}{x + y} = \dfrac{94}{35} = 2\dfrac{24}{35}$ 实际是一种加权平均. 在这里我们又一次回忆"鸡兔同笼"问题.

如例 8，好米二斗卖三钱，次米三斗卖二钱. 两种米共卖出十斗，卖得十三钱. 问好米、次米各卖出多少斗？

古人解法：如果都卖粝（好）米，10 斗卖 15 钱，钱赚 2. 即 $\left(\dfrac{3}{2} - \dfrac{2}{3}\right)y = 15 - 13 = 2$，所以 $y = 2\dfrac{2}{5}$.

如果都卖秕（次）米，10 斗米共卖 $\dfrac{2}{3} \times 10 = 6\dfrac{2}{3}$（钱），亏钱 $6\dfrac{1}{3}$. 即 $\left(\dfrac{2}{3} - \dfrac{3}{2}\right)x =$

$\dfrac{20}{3}-13=-\dfrac{19}{3}$，所以 $x=7\dfrac{3}{5}$.

这种混合物问题如何与盈亏问题建立内在联系呢？

其实，我们将问题改写一下：好米每斗 $\dfrac{3}{2}$ 钱，次米每斗 $\dfrac{2}{3}$ 钱. 今带钱买米，若都买好米，不足 2 钱；若都买次米将余 $6\dfrac{1}{3}$ 钱. 问带了多少钱？共买了几斗米？

这就是典型的赢不足问题.

设带 w 钱，若都买每斗 $\dfrac{3}{2}$ 钱的好米 a 斗，则不足钱 $\dfrac{3}{2}a-w=2$. 若都买每斗 $\dfrac{2}{3}$ 钱的次米 a 斗，则剩余钱 $w-\dfrac{2}{3}a=6\dfrac{1}{3}$.

所以相加得 $\left(\dfrac{3}{2}-\dfrac{2}{3}\right)a=2+6\dfrac{1}{3}$.

即 $\dfrac{5}{6}a=\dfrac{25}{3}\Rightarrow a=10$（斗）.

由 $\dfrac{3}{2}a-w=2$，得 $\dfrac{2+w}{\dfrac{3}{2}}=a$.

由 $w-\dfrac{2}{3}a=6\dfrac{1}{3}$，得 $\dfrac{w-6\dfrac{1}{3}}{\dfrac{2}{3}}=a$.

所以 $\dfrac{2+w}{\dfrac{3}{2}}=\dfrac{w-6\dfrac{1}{3}}{\dfrac{2}{3}}$.

解得 $w=13$.

可见，"鸡兔同笼"问题与赢不足问题可以互相转化，存在天然的联系.

显然两种米共买 10 斗，花 13 钱，平均每斗 $\dfrac{13}{10}$ 钱. 设其中好米 x 斗，次米 y 斗. 根据例 1 图形解法二，可得

$$\left(\dfrac{3}{2}-\dfrac{13}{10}\right)x=\left(\dfrac{13}{10}-\dfrac{2}{3}\right)y.$$

化简即得 $\dfrac{x}{y} = \dfrac{19}{6}$.

再结合 $x + y = 10$,

解得 $x = 7\dfrac{3}{5}$（斗），　　$y = 2\dfrac{2}{5}$（斗）.

这样看来，在《孙子算经》之前的《算数书》和《九章算术》中，许多混合物类问题，本属于"鸡兔同笼"问题，但都是按赢不足问题求解的，未见到直接编拟的"鸡兔同笼"问题. 直到《孙子算经》下卷问题 31 "雉兔同笼"问题，才第一次见到这样的资料. 这表明实用算术的进步，赢不足问题作为流传和教育的需要，已经抽象为大家喜闻乐见的简单的"鸡兔同笼"模型了.

8.7　"鸡兔同笼"问题与二元一次方程组

既然混合物问题可以归结为二元一次方程组 $\begin{cases} a_1 x + b_1 y = c_1 \\ a_2 x + b_2 y = c_2 \end{cases}$ 的问题，自然会提出方程组什么条件下有解，如何求解的问题. 一般用代入法或消元法，将二元一次降为一元一次，进而得解.

这样的方程组在什么条件下有解？

什么条件下无解？

什么条件下有无穷多组解？

什么条件下只有一组解？

由于每个二元一次方程，其图象在平面直角坐标系 x-O-y 中是一条直线，所以二元一次方程组 $\begin{cases} a_1 x + b_1 y = c_1 \\ a_2 x + b_2 y = c_2 \end{cases}$ 解的问题，等价于系数 $a_1, b_1, c_1, a_2, b_2, c_2$ 具有什么关系时，使得两条直线有公共点、无公共点（平行）、重合及只有唯一的交点？

对二元一次方程组解的情况列表总结如下.

定义	两个二元一次方程组成一组，叫作二元一次方程组							
标准式	种类	区别						
		方程关系	意义	系数关系	解的个数	图形	举例	化简结果
$\begin{cases} a_1x+b_1y=c_1 \\ a_2x+b_2y=c_2 \end{cases}$ $a_1,a_2;b_1,b_2;$ c_1,c_2 为已知数，x,y 为未知数.	联立方程	联立关系	只有一组满足方程的 x,y	$\dfrac{a_1}{a_2} \neq \dfrac{b_1}{b_2} \neq \dfrac{c_1}{c_2}$	唯一一组解	两条相交直线	$\begin{cases} x+y=4 \\ x-y=5 \end{cases}$	未知数等于一个确定值
	矛盾方程	矛盾关系	没有满足方程的 x,y	$\dfrac{a_1}{a_2} = \dfrac{b_1}{b_2} \neq \dfrac{c_1}{c_2}$	无解	两条平行直线	$\begin{cases} x+y=1 \\ x+y=2 \end{cases}$	消元后不等于 0 的数等于 0
	相因方程	相因关系	有无穷多个的满足方程的 x,y	$\dfrac{a_1}{a_2} = \dfrac{b_1}{b_2} = \dfrac{c_1}{c_2}$	无穷多组解	二直线重合	$\begin{cases} \dfrac{x-y}{4}=1 \\ \dfrac{6(x-y)}{8}=3 \end{cases}$	消元后 0=0

上表是笔者在初中学习二元一次方程组的过程中得出的，将方程与图形通过直角坐标系建立了联系.

让我们再回顾一下从"鸡兔同笼"问题开始的思考过程.

鸡、兔共有 17 个头，50 只脚. 问有多少只鸡？多少只兔？

在小学算术中，我们对问题的分析：如果 17 只都是鸡，应当有 34 只脚.

现在共有 50 只脚，比 34 只脚多出 16 只脚. 什么原因呢？因为有兔子存在. 有一只兔子即多 2 只脚，多少只兔子才多出 16 只脚呢？当然是 8 只兔子了. 通过对同类型的问题的分析，从特殊到一般进行综合，得出公式：

$$兔数 = \frac{足数 - 2 \times 头数}{4 - 2}.$$

这个公式就是"鸡兔同笼"问题表现出的结构的综合.

到初中数学时，学习列方程解应用题. 这时就会发现，若设鸡为 x 只，兔为 y 只，则有

$$\begin{cases} x + y = 17 \\ 2x + 4y = 50 \end{cases} \qquad ①$$

马上可以解出 $x = 9$，$y = 8$.

方程组①也是从数量关系的分析中，找到了等量关系，认清了"头数""足数"之间的内在联系，是结构上综合的结果. 这时你如果想到，比如二元一次方程组

$$\begin{cases} 9x + 2y = 37 \\ 5x + 7y = 50 \end{cases} \qquad ②$$

与方程组①是同类型的结构，那么解法应具有共性，方程组②能否用"鸡兔同笼"的思考方法求解呢？

让我们展开幻想的翅膀，把方程组②化为应用题：有某种怪鸡 x 只，怪兔 y 只. 每只怪鸡有 9 头 5 足，每只怪兔有 2 头 7 足. 它们共有头 37，足 50. 问怪鸡、怪兔各几只？

鸡和兔虽然很怪，但思维方法并不怪. 如果 37 个头都是怪鸡头，则怪鸡应有 $\frac{37}{9}$ 只，每只怪鸡 5 只足，应当共有足 $\frac{37}{9} \times 5 = \frac{185}{9} = 20\frac{5}{9}$（只）. 但现在有 50 只足，多出 $50 - 20\frac{5}{9} = 29\frac{4}{9}$（只）足. 为何如此呢？原因在于有怪兔存在. 把一只怪鸡换成一只怪兔，足数会增加 $\frac{7}{2} - \frac{5}{9} = \frac{53}{18}$（只）. 那么有多少只怪兔才会增加 $29\frac{4}{9}$ 只足呢？只要做除法就可得出：

$$29\frac{4}{9} \div \frac{53}{18} = 10,$$

可见有 10 个兔头，27 个鸡头. 但每只怪兔 2 个头，每个怪鸡 9 个头，所以 $x=3$，$y=5$， 即 3 只怪鸡，5 只怪兔. 这个问题之所以能够这样解，就是因为方程组①与方程组②在结构上有共性，可以综合.

设 $9x=u$，$2y=v$，方程组②变为

$$\begin{cases} u+v=37 \\ 10u+63v=900 \end{cases} \qquad ③$$

经过换元，"鸡"与"兔"比刚才正常一些了. 变为有鸡 u 只，兔 v 只，都是一个头. 但每只鸡有 10 只足，每只兔有 63 只足. 如果 37 只都是鸡，应有 370 只足，现有 900 只足，多出 530 只足. 原因是有兔存在. 把一只鸡换成一只兔，要增加 53 只足. 现要增加 530 只足，当然应当有 10 只兔. 于是 $v=10$，$u=27$. 进而求得 $x=3$，$y=5$.

把这个结构更一般化，可综合为字母系数的二元一次方程组了.

给出方程组

$$\begin{cases} ax+by=A \\ cx+dy=B \end{cases} \qquad ④$$

用代换 $ax=u, by=v$ 之后，方程组④变为

$$\begin{cases} u+v=A \\ \dfrac{c}{a}u+\dfrac{d}{b}v=B \end{cases},$$

即 $\begin{cases} u+v=A \\ (bc)u+(ad)v=abB \end{cases}$.

这又可以化为"鸡兔同笼"问题来求解，其解为：

$$v=\frac{abB-bcA}{ad-bc}=\frac{aB-cA}{ad-bc}\cdot b,$$

于是 $u=A-v=A-\dfrac{abB-bcA}{ad-bc}=\dfrac{dA-bB}{ad-bc}\cdot a$.

再回顾一下所设的代换 $ax=u, by=v$，便得到了二元一次联立方程组④的求解公式.

即 $\begin{cases} ax+by=A \\ cx+dy=B \end{cases} (ad-bc\neq 0)$

的解为 $\begin{cases} x = \dfrac{dA - bB}{ad - bc} \\ y = \dfrac{aB - cA}{ad - bc} \end{cases}$.

这其实也是一个数学结构. 可见, 我们对二元一次方程组的分析结果是得到解的结构的综合.

在求解二元一次联立方程组的过程中, 解中的 $ad - bc$ 是一种定型的运算, 它只与方程组④中未知数的系数有关, 也是一种结构. 只要将方程组④的系数排列好, $\begin{vmatrix} a & b \\ c & d \end{vmatrix}$ 就对应 $ad - bc$. 于是将这一结构记为

$$\begin{vmatrix} a & b \\ c & d \end{vmatrix} = ad - bc.$$

这样综合产生的数表, 也是一种数学结构, 被命名为行列式.

有了行列式的结构后, 人们发现

$$dA - bB = \begin{vmatrix} A & b \\ B & d \end{vmatrix} \quad , \quad aB - cA = \begin{vmatrix} a & A \\ c & B \end{vmatrix}.$$

于是方程组④的解可以综合为如下结构:

$$x = \frac{\begin{vmatrix} A & b \\ B & d \end{vmatrix}}{\begin{vmatrix} a & b \\ c & d \end{vmatrix}}, y = \frac{\begin{vmatrix} a & A \\ c & B \end{vmatrix}}{\begin{vmatrix} a & b \\ c & d \end{vmatrix}} \left(\begin{vmatrix} a & b \\ c & d \end{vmatrix} \neq 0 \right).$$

这种结构的综合, 实质上是通过分析找到方程组④的系数与解之间的内在联系.

思考到此并未结束, 以上只是针对二元一次联立方程组的. 那么一般地, 对 n 元一次联立方程组, 如何处理呢? 这涉及克莱姆规则和 n 阶行列式的运算, 可以看到我国古代布算筹解方程组, 实际是系数矩阵的初等变换……我们不知不觉进入了高等代数的领地. 我们后来的发展研究居然都与这一古老的"鸡兔同笼"问题有着血脉联系.

"鸡兔同笼", 是以喜闻乐见的形式提出的数学模型, 它教给你发挥思维的想象力, 找到解决问题的思路和方法, 比如观察、试算, 猜测, 化归为会解的

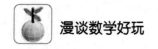

问题.

　　学会了不断为自己提出问题，进一步设法解决它，随之不断拓展的知识，走向纵深、接近前沿……

　　一句话，通过"鸡兔同笼"问题锻炼出来的思维习惯、学习数学的方式和追求事物之间普遍联系的科学精神，是真正受用终生的！

数学培训是为了发展大家的数学思维，通过解题提高分析问题与解决问题的能力，使大家在数学活动中体验数学的真善美. 因此我常说，奥数是思维的健美操，笔者充其量只是健美操的教练. 下面和大家交流一些自己的体会.

1958 年的一道全国高考试题：计算 $\tan 15°$ 的值. 该题的几何解法开阔了笔者的眼界，引起了笔者对构造几何图形解题的兴趣. 所以，我们的几何杂题赏析就从这里谈起吧.

例 1 正数 x, y, z 满足方程组 $\begin{cases} x^2 + xy + \dfrac{y^2}{3} = 25 \\ \dfrac{y^2}{3} + z^2 = 9 \\ z^2 + xz + x^2 = 16 \end{cases}$，试求 $xy + 2yz + 3xz$ 的值.

解：$\begin{cases} x^2 + xy + \dfrac{y^2}{3} = 25 \\ \dfrac{y^2}{3} + z^2 = 9 \\ z^2 + xz + x^2 = 16 \end{cases}$ 等价于 $\begin{cases} x^2 + \left(\dfrac{y}{\sqrt{3}}\right)^2 - 2x\left(\dfrac{y}{\sqrt{3}}\right)\cos 150° = 5^2 \\ \left(\dfrac{y}{\sqrt{3}}\right)^2 + z^2 = 3^2 \\ z^2 + x^2 - 2xz\cos 120° = 4^2 \end{cases}$.

构造如图 9.1 所示的三角形，易知 $S_{\triangle AOB} + S_{\triangle AOC} + S_{\triangle BOC} = S_{\triangle ABC}$，即

$$\frac{1}{2}xz\sin 120° + \frac{1}{2}z\cdot\frac{y}{\sqrt{3}} + \frac{1}{2}x\cdot\frac{y}{\sqrt{3}}\sin 150° = \frac{1}{2}\cdot 3\cdot 4$$

$$\frac{\sqrt{3}xz}{4} + \frac{\sqrt{3}yz}{6} + \frac{\sqrt{3}xy}{12} = 6$$

① 本文是 2018 年 7 月 6 日在北京数学会举办的数学竞赛教练员培训班上的报告稿

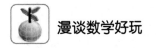

$$3\sqrt{3}xz + 2\sqrt{3}yz + \sqrt{3}xy = 72$$
$$xy + 2yz + 3xz = 24\sqrt{3}.$$

这道题用构造图形的方法巧妙地求出了表达式的值.

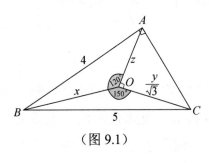

（图 9.1）

在上述问题中，解题时由于某种需要，而把题设条件中元素间的关系构造出来，或者构想这种关系在某个模型上实现，或者构想出某种关系或形式能使问题按新的观点、新的角度去审视，从而使问题巧妙解决. 在这个过程中，思维活动的特点是"构造"，我们不妨称之为"构造性思维". 运用构造性思维解数学问题的方法，统称为数学解题的构造法.

构造性思想比较适用于证明存在性的问题. 当然也可以推广应用于其他问题之中. 用构造法解题一要明确目的，即需要构造的是什么；二要清楚题设条件的特点，以便依据特点设计构造途径与形式. 因此，明确目的，掌握特点是应用构造法解题的关键.

例 2 证明：顶点在单位圆上的锐角三角形的三个角的余弦之和，小于该三角形周长的一半.（1978 年全国部分省市数学竞赛试题第一试试题 8）

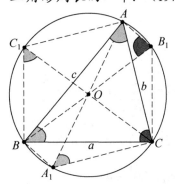

（图 9.2）

证明：因 $\triangle ABC$ 为顶点在单位圆上的锐角三角形，所以圆心 O 在三角形内，圆的半径为 1. 如图 9.2 所示，连接 AO 交圆于 A_1，连接 BO 交圆于 B_1，连接 CO 交圆于 C_1，则 AA_1, BB_1, CC_1 均为圆的直径. 连接 $AC_1, C_1B, BA_1, A_1C, CB_1, B_1A$.

在直角 $\triangle CBC_1$ 中，$\cos A = \cos \angle CC_1B = \dfrac{BC_1}{2}$，

因为 $\angle C < 90°$，所以 $\angle AC_1B = 180° - \angle C > 90°$. 则

$$BC_1 < AB = c, \text{故} \cos A = \frac{BC_1}{2} < \frac{AB}{2} = \frac{c}{2}. \qquad ①$$

同理，在直角 $\triangle AA_1C$ 中，

$$\cos B = \cos \angle AA_1C = \frac{A_1C}{2} = \frac{a}{2}. \qquad ②$$

在直角 $\triangle ABB_1$ 中，

$$\cos C = \cos \angle BB_1A = \frac{AB_1}{2} = \frac{b}{2}. \qquad ③$$

式①+式②+式③得 $\cos A + \cos B + \cos C < \frac{1}{2}(a+b+c)$.

注：若应用正弦定理，就可以变为一道新题：证明在锐角三角形 $\triangle ABC$ 中，$\cos A + \cos B + \cos C < \sin A + \sin B + \sin C$.

例 3　设 $\triangle ABC$ 的三边长为 a，b，c，面积为 S. 求证：$a^2 + b^2 + c^2 \geqslant 4\sqrt{3}S$.
（第 3 届 IMO 试题 2）

分析：要证 $a^2 + b^2 + c^2 \geqslant 4\sqrt{3}S$.

只需证 $\frac{1}{4\sqrt{3}}\left(a^2 + b^2 + c^2\right) \geqslant S$，

即证 $\frac{1}{3}\left(\frac{\sqrt{3}}{4}a^2\right) + \frac{1}{3}\left(\frac{\sqrt{3}}{4}b^2\right) + \frac{1}{3}\left(\frac{\sqrt{3}}{4}c^2\right) \geqslant S \qquad ①$

这时观察式①各项的几何意义.

$\frac{\sqrt{3}}{4}a^2$ 为边长为 a 的正三角形的面积，$\frac{1}{3}\left(\frac{\sqrt{3}}{4}a^2\right)$ 是这个正三角形面积的 $\frac{1}{3}$.

因此，如图 9.3 所示，在 $\triangle ABC$ 中分别以 BC, CA, AB 为边向外作正三角形 BA_1C，CB_1A 和 AC_1B. 这三个正三角形的中心依次是 O_1, O_2, O_3. $\frac{1}{3}\left(\frac{\sqrt{3}}{4}a^2\right) = S_{\triangle BO_1C}$，$\frac{1}{3}\left(\frac{\sqrt{3}}{4}b^2\right) = S_{\triangle CO_2A}$，$\frac{1}{3}\left(\frac{\sqrt{3}}{4}c^2\right) = S_{\triangle AO_3B}$. 要使式①成立，只需 $S_{\triangle BO_1C} + S_{\triangle CO_2A} + S_{\triangle AO_3B} \geqslant S$ 即可.

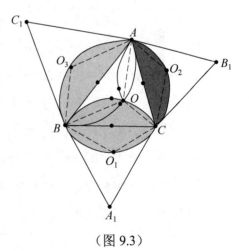

（图 9.3）

（1）若 $\triangle ABC$ 中有一个内角不小于 $120°$，不妨设 $\angle A \geqslant 120°$.

这时以 BC 为弦在 O_1 点关于 BC 另一侧所作的含 $120°$ 角的弓形弧将盖住 $\triangle ABC$. 此时 $S_{\triangle BO_1C} \geqslant S$. 更有 $S_{\triangle BO_1C} + S_{\triangle CO_2A} + S_{\triangle AO_3C} \geqslant S$.

（2）若 $\triangle ABC$ 中最大内角的度数小于 $120°$. 这时以 BC 为弦向 O_1 点关于 BC

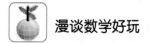

另一侧作含120°角的弓形弧,以 AC 为弦向 O_2 点关于 AC 另一侧作含120°角的弓形弧,设以上两个弓形弧在△ ABC 内部交于 O 点,连接 AO, BO, CO,则 $\angle AOB = 360° - 120° - 120° = 120°$. 因此 O 点也在以 AB 为弦含120°角的弓形弧上.

易知 $S_{\triangle BO_1C} \geq S_{\triangle BOC}$, $S_{\triangle CO_2A} \geq S_{\triangle COA}$, $S_{\triangle AO_3B} \geq S_{\triangle AOB}$,

三式相加得 $S_{\triangle BO_1C} + S_{\triangle CO_2A} + S_{\triangle AO_3B} \geq S_{\triangle BOC} + S_{\triangle COA} + S_{\triangle AOB} \geq S$.

于是,式①成立.

因此有 $a^2 + b^2 + c^2 \geq 4\sqrt{3}S$.

上式不等式叫作外森比克不等式. 这个不等式的发现过程也是很有趣的,充分体现了几何与代数、三角的联系.

首先从人们所共知的公式谈起:

$$S = \frac{1}{2}ab\sin C, \quad c^2 = a^2 + b^2 - 2ab\cos C.$$

则
$$\sin C = \frac{2S}{ab}, \quad \cos C = \frac{a^2 + b^2 - c^2}{2ab}.$$

由 $\sin^2 C + \cos^2 C = 1$,

得 $\dfrac{4S^2}{a^2b^2} + \dfrac{(a^2+b^2-c^2)^2}{4a^2b^2} = 1$,

即 $16S^2 + a^4 + b^4 + c^4 + 2a^2b^2 - 2a^2c^2 - 2b^2c^2 = 4a^2b^2$.

有 $16S^2 + a^4 + b^4 + c^4 + 2a^2b^2 + 2a^2c^2 + 2b^2c^2 = 4a^2b^2 + 4a^2c^2 + 4b^2c^2$,

所以 $16S^2 + (a^2+b^2+c^2)^2 = 4a^2b^2 + 4a^2c^2 + 4b^2c^2$,

即 $48S^2 + 3(a^2+b^2+c^2)^2 = 12a^2b^2 + 12a^2c^2 + 12b^2c^2$.

$(a^2+b^2+c^2)^2 = a^4 + b^4 + c^4 + 2a^2b^2 + 2a^2c^2 + 2b^2c^2 \geq 3a^2b^2 + 3a^2c^2 + 3b^2c^2$,

所以 $48S^2 + 3(a^2+b^2+c^2)^2 \leq 4(a^2+b^2+c^2)^2$,

因此 $48S^2 \leq (a^2+b^2+c^2)^2$.

开方得 $4\sqrt{3}S \leq a^2+b^2+c^2$.

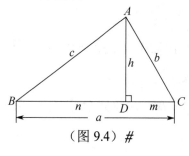

(图9.4)#

即 $a^2+b^2+c^2 \geq 4\sqrt{3}S$.

外森比克不等式的另外证法:

不失一般性,设 $\angle A$ 是△ ABC 中的最大内角.

作 $AD \perp BC$ 于 D,则 D 在 BC 上(如图9.4所示).

记 $BD = n$, $CD = m$, 则 $m + n = a$.

要证 $a^2 + b^2 + c^2 \geqslant 4\sqrt{3}S$, 只需证 $(m+n)^2 + (m+h)^2 + (n+h)^2 \geqslant 2\sqrt{3}(m+n)h$.

即 $h^2 - \sqrt{3}(m+n)h + n^2 + m^2 + mn + mh + nh \geqslant 0$.

此式可看成 h 的二次三项式, 它大于等于 $0 \Leftrightarrow$ 该二次三项式的判别式 $\Delta \leqslant 0$.

事实上, $[(1-\sqrt{3})(m+n)]^2 - 4(m^2 + n^2 + mn) = -2\sqrt{3}m^2 - 2\sqrt{3}n^2 - (4\sqrt{3}-4)mn \leqslant 0$

因此不等式 $a^2 + b^2 + c^2 \geqslant 4\sqrt{3}S$ 成立.

外森比克不等式还有许多有趣的推广, 都是三角形的三边 a, b, c 与面积 S 之间的不等关系, 可以结合代数不等式进行证明. 我国许多学者都对此做了大量的研究工作, 感兴趣的读者可以进行进一步的学习和探索.

例 4. 在 $\triangle ABC$ 的三边 AB, BC 与 CA 上分别取点 M, K, L（不与 $\triangle ABC$ 的顶点重合）（如图 9.5 所示）. 证明: $\triangle MAL$、$\triangle KBM$、$\triangle LCK$ 中至少有一个三角形的面积不大于 $\triangle ABC$ 面积的四分之一.（第 8 届 IMO 试题 6）

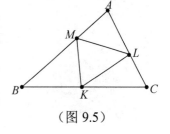

（图 9.5）

证明一（组委会提供）: $\dfrac{\triangle KBM \text{ 的面积}}{\triangle ABC \text{的面积}} = \dfrac{BK \cdot BM}{AB \cdot BC}$,

$\dfrac{\triangle MAL \text{ 的面积}}{\triangle ABC \text{的面积}} = \dfrac{AM \cdot AL}{AB \cdot AC}$,

$\dfrac{\triangle LCK \text{ 的面积}}{\triangle ABC \text{的面积}} = \dfrac{CL \cdot CK}{BC \cdot AC}$.

若 $\triangle MAL$、$\triangle KBM$、$\triangle LCK$ 的面积都大于 $\dfrac{1}{4}$ $\triangle ABC$ 的面积, 则有

$\dfrac{\triangle KBM \text{的面积}}{\triangle ABC \text{的面积}} > \dfrac{1}{4}$, $\dfrac{\triangle MAL \text{的面积}}{\triangle ABC \text{的面积}} > \dfrac{1}{4}$, $\dfrac{\triangle LCK \text{的面积}}{\triangle ABC \text{的面积}} > \dfrac{1}{4}$, 三式相乘, 得

$\dfrac{\triangle KBM \text{的面积}}{\triangle ABC \text{的面积}} \cdot \dfrac{\triangle MAL \text{的面积}}{\triangle ABC \text{的面积}} \cdot \dfrac{\triangle LCK \text{的面积}}{\triangle ABC \text{的面积}} > \dfrac{1}{4} \cdot \dfrac{1}{4} \cdot \dfrac{1}{4} = \dfrac{1}{64}$.

即 $\dfrac{BK \cdot BM \cdot AM \cdot AL \cdot CL \cdot CK}{AB \cdot BC \cdot AB \cdot AC \cdot BC \cdot AC} > \dfrac{1}{64}$,

也即 $\dfrac{AM \cdot BM}{AB^2} \cdot \dfrac{BK \cdot CK}{BC^2} \cdot \dfrac{AL \cdot CL}{AC^2} > \dfrac{1}{64}$. ①

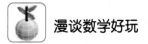

但 $\sqrt{AM \cdot BM} \leqslant \dfrac{AM + BM}{2} = \dfrac{AB}{2} \Rightarrow \dfrac{AM \cdot BM}{AB^2} \leqslant \dfrac{1}{4}$；

同理可证，$\dfrac{BK \cdot CK}{BC^2} \leqslant \dfrac{1}{4}$；$\dfrac{AL \cdot CL}{AC^2} \leqslant \dfrac{1}{4}$．

由此得出 $\dfrac{AM \cdot BM}{AB^2} \cdot \dfrac{BK \cdot CK}{BC^2} \cdot \dfrac{AL \cdot CL}{AC^2} \leqslant \dfrac{1}{4} \cdot \dfrac{1}{4} \cdot \dfrac{1}{4} = \dfrac{1}{64}$．　　②

式②与式①矛盾！表明"$\triangle MAL$、$\triangle KBM$、$\triangle LCK$ 的面积都大于 $\dfrac{1}{4}\triangle ABC$ 的面积"的假设不成立，所以 $\triangle MAL$、$\triangle KBM$、$\triangle LCK$ 中至少有一个三角形的面积不大于 $\triangle ABC$ 面积的四分之一．

常庚哲（1936—2018）

证明二（常庚哲）：点 M, K, L 的分布无非图 9.6（I）、图 9.6（II）两种类型，其中 D、E、F 分别为 BC、CA、AB 的中点．

若为类型（I），显然有 $\triangle MAL$ 的面积小于 $\triangle ABC$ 面积的四分之一．

若为类型（II），则有 $\triangle MKL$ 的面积 $\geqslant \triangle MDL$ 的面积 $\geqslant \triangle MDE$ 的面积 $= \triangle FDE$ 的面积 $= \dfrac{1}{4}\triangle ABC$ 的面积．

所以 $\triangle MAL$ 的面积 $+ \triangle KBM$ 的面积 $+ \triangle LCK$ 的面积 $\leqslant \dfrac{3}{4}\triangle ABC$ 的面积．

因此，$\triangle MAL$、$\triangle KBM$、$\triangle LCK$ 中至少有一个三角形的面积不大于 $\triangle ABC$ 面积的四分之一．

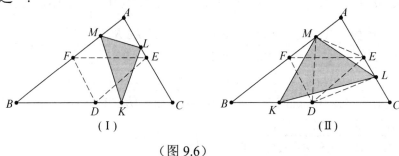

（图 9.6）

例 5　只存在一个三角形，它的三边长为三个连续的自然数，且它的三个内角中有一个角是另一个角的两倍．（第 10 届 IMO 试题 1）

解：如图 9.7 所示，设 $\triangle ABC$ 三边 $AC = n$，$AB = n - 1$，$BC = n + 1$．

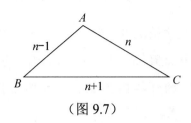

（图 9.7）

马希文（1939—2000）

则有 $\angle A > \angle B > \angle C$. 由于一个角是另一个角的 2 倍，则有 $4\angle C < 180°$，所以 $\angle C < 45°$.

由余弦定理，得 $\cos\angle C > \cos 45° = \dfrac{\sqrt{2}}{2}$.

即 $\cos\angle C = \dfrac{n^2+(n+1)^2-(n-1)^2}{2n(n+1)} = \dfrac{n+4}{2(n+1)} > \dfrac{\sqrt{2}}{2}$.

由 $\dfrac{n+4}{2(n+1)} > \dfrac{\sqrt{2}}{2}$，两边平方且化简，得 $n^2-4n-14<0$. 解得 $0<n<2+3\sqrt{2}<6.5$.

由三角形不等式知

$n+1 < n+(n-1) \Rightarrow n>2 \Rightarrow n \geqslant 3\,(n\in \mathbf{Z}^+)$.

可以判定 n 只能取 3，4，5，6 这四个值.

我们计算 $\cos\angle A = \dfrac{n-4}{2(n-1)}$，$\cos\angle B = \dfrac{n^2+2}{2(n^2-1)}$. 列表检验如下：

n　值	3	4	5	6
$\cos\angle A$	$-\dfrac{1}{4}$	0	$\dfrac{1}{8}$	$\dfrac{1}{5}$
$\cos\angle B$	$\dfrac{11}{16}$	$\dfrac{3}{5}$	$\dfrac{9}{16}$	$\dfrac{19}{35}$
$\cos\angle C$	$\dfrac{7}{8}$	$\dfrac{4}{5}$	$\dfrac{3}{4}$	$\dfrac{5}{7}$
$\cos 2\angle B$	$-\dfrac{7}{128}$	<0	<0	<0
$\cos 2\angle C$	$\dfrac{17}{32}$	$\dfrac{7}{25}$	$\dfrac{1}{8}$	$\dfrac{1}{49}$

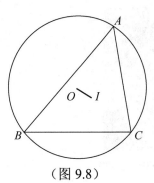

（图 9.8）

从表中可看出，只有 $n = 5$ 时，$n-1= 4$，$n+1= 6$，$\cos\angle A = \cos 2\angle C = \dfrac{1}{8}$，即满足题设条件 $\angle A = 2\angle C$，所以满足条件的只有三边恰为 4，5，6 这一个三角形.

例 6 三角形 ABC 的外心为 O，内心为 I. R 和 r 分别是三角形 ABC 的外接圆半径和内切圆半径（如图 9.8 所示），$OI = d$.

求证：$d^2 = R^2 - 2Rr$.

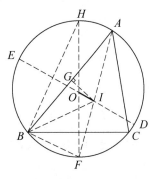

（图 9.9）

分析：延长 OI，交三角形 ABC 的外接圆于 D，E，（如图 9.9 所示）.

要证 $d^2 = R^2 - 2Rr$. 只需证 $R^2 - d^2 = 2Rr$，即 $(R+d)(R-d) = 2Rr$.

即只需证 $IE \cdot ID = 2Rr$，又 $IE \cdot ID = AI \cdot IF$，故只需证 $AI \cdot IF = 2Rr$ 即可.

我们通过角的关系易证 $IF = FB$，故只需证 $\dfrac{AI}{2R} = \dfrac{r}{FB}$.

为此，连接 FO 交三角形 ABC 的外接圆于 H，则 $FH = 2R$.

连接 HB，自 I 作 $IG \perp AB$ 于 G，有 $IG = r$.

下面由 $\mathrm{Rt}\triangle HBF \backsim \mathrm{Rt}\triangle AGI$，可得 $\dfrac{AI}{HF} = \dfrac{IG}{FB}$，也就是 $\dfrac{AI}{2R} = \dfrac{r}{BF} = \dfrac{r}{IF}$.

于是得出需要证的等式 $AI \cdot IF = 2Rr$.

请大家根据分析自行写出证明，此处从略.

说明：本题是一个著名的欧拉定理. 由此很容易得出一个三角形的外接圆半径不小于内切圆半径两倍的结论.

题"等腰三角形的外接圆半径记为 R，内切圆半径记为 r. 该二圆圆心间的距离为 d. 证明：$d=\sqrt{R^2 - 2Rr}$."正是例 6 欧拉定理的特殊情况.

例 7 已知 $\triangle ABC$ 中，P 为 BC 边上任意一点，$PE \parallel BA$，$PF \parallel CA$，若 $S_{\triangle ABC} = 1$（如图 9.10 所示）. 证明：$S_{\triangle BPF}$，$S_{\triangle PCE}$ 和 S_{PEAF} 中至少有一个不小于 $\dfrac{4}{9}$. （1984 年全国高中数学联赛第二试试题 3）

解：（1）将 $\triangle ABC$ 的每边三等分，如图 9.11 所示，使其成为 9 个全等的小三角形. 每个小三角形的面积都是 $\frac{1}{9}$.

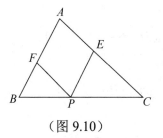

（图 9.10）

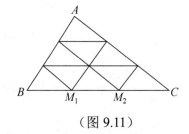

（图 9.11）

易知问题转化为：证明 $\triangle BPF, \triangle PCE$，平行四边形 $PEAF$ 中至少有一个图形的面积不小于四个小三角形的面积.

（2）若 P 在线段 BM_1 上，显然 $S_{\triangle PEC} \geqslant \frac{4}{9}$；若 P 在线段 M_2C 上，则

$S_{\triangle BPF} \geqslant \frac{4}{9}$. 那么，$P$ 在 M_1M_2 内部时，平行四边形

$PEAF$ 的面积是否大于 $\frac{4}{9}$（如图 9.12 所示）？

所余问题只需比较平行四边形 $PEAF$ 的面积与 $\triangle AN_1N_2$（由四个小三角形组成）的面积的大小. 利

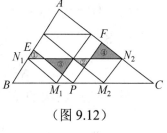

（图 9.12）

用几何知识不难证明，$\triangle① \cong \triangle②$，$\triangle③ \cong \triangle④$. 由此运用割补法，将 $\triangle②$ 补到 $\triangle①$ 处，将 $\triangle③$ 补到 $\triangle④$ 处. 平行四边形 $PEAF$ 的面积大于 $\triangle AN_1N_2$ 的面积. 因此，平行四边形 $PEAF$ 的面积不小于 $\frac{4}{9}$ 成立.

（3）在大家欣喜品味胜利成果之时，我继续创设问题情境：这个问题代数形式的实质是什么？离开图形直观，抽象为纯粹的数量关系：设 $S_{\triangle PBF}=s_1$，

$S_{\triangle PCE}=s_2$，$BP=a, PC=b$（如图 9.13 所示），由

$S_{\triangle ABC}=1$ 及相似三角形面积之比等于对应边之比的平

方，可得：$s_1 = \frac{a^2}{(a+b)^2}$，$s_2 = \frac{b^2}{(a+b)^2}$，$S_{PEAF} = 1-$

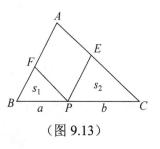

（图 9.13）

$s_1 - s_2 = \frac{2ab}{(a+b)^2}$. 因此问题等价于"若 $a>0, b>0$，求

证：$\frac{a^2}{(a+b)^2}$，$\frac{b^2}{(a+b)^2}$，$\frac{2ab}{(a+b)^2}$ 中至少有一个的值不小于 $\frac{4}{9}$".

这是一道已经转化一个代数问题. 通常我们不难采用反证法加以证明.

设 $\dfrac{a^2}{(a+b)^2}$, $\dfrac{b^2}{(a+b)^2}$, $\dfrac{2ab}{(a+b)^2}$ 都小于 $\dfrac{4}{9}$.

由 $\dfrac{a^2}{(a+b)^2}<\dfrac{4}{9}\Rightarrow\dfrac{a}{a+b}<\dfrac{2}{3}\Rightarrow 3a<2a+2b\Rightarrow -a+2b>0$.　　　　①

由 $\dfrac{b^2}{(a+b)^2}<\dfrac{4}{9}\Rightarrow\dfrac{b}{a+b}<\dfrac{2}{3}\Rightarrow 3b<2a+2b\Rightarrow 2a-b>0$.　　　　②

由 $\dfrac{2ab}{(a+b)^2}<\dfrac{4}{9}\Rightarrow\dfrac{ab}{(a+b)^2}<\dfrac{2}{9}\Rightarrow 9ab<2a^2+4ab+2b^2$.

$$\Rightarrow 2a^2-5ab+2b^2>0\Rightarrow(2a-b)(a-2b)>0.　　　③$$

而由式①、式②可知 $(2a-b)(a-2b)<0$, 与式③矛盾! 因此证明了

$\dfrac{a^2}{(a+b)^2}$, $\dfrac{b^2}{(a+b)^2}$, $\dfrac{2ab}{(a+b)^2}$ 中至少有一个表达式的值不小于 $\dfrac{4}{9}$.

例 8　设 $x>0,y>0,z>0$, 求证:
$$\sqrt{x^2-xy+y^2}+\sqrt{y^2-yz+z^2}>\sqrt{z^2-zx+x^2}.$$

解: 注意结构的特点: 当 $x>0,y>0$ 时, 有
$$\sqrt{x^2-xy+y^2}=\sqrt{x^2+y^2-2xy\cos 60°}.$$

可以想象 $\sqrt{x^2-xy+y^2}$ 是一个边长为 x,y, 夹角为 $60°$ 的三角形的第三边.

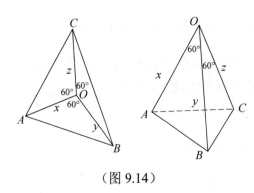

（图 9.14）

这样, 三个关系式可以想象为有一个共同顶点 O 的三个顶角为 $60°$ 的三角形 AOB,BOC,COA 的三个边 AB,BC,CA（如图 9.14 左所示）. 由于三个 $60°$ 角之和小于周角, 这个构图在平面上不能实现. 这时再进一步想象为一个四面体 $O-ABC$, 成为一个空间图形（如图 9.14 右所示）.

由 $AB+BC>CA$, 自然成立关系式:
$$\sqrt{x^2-xy+y^2}+\sqrt{y^2-yz+z^2}>\sqrt{z^2-zx+x^2}.$$

有人说, 想象就是深度, 没有一种心理机能比想象更能自我深化, 更能深

入对象. 在运用于几何学的代数中, 想象是计算的系数, 于是, 数学也就成了诗. 想象与构造是基于深刻逻辑分析基础上的高度综合, 所以是"数学家像画家和诗人一样, 是模式制造家".

例 9 证明: 直径为 1 的平面点集可以被一个边长为 $\sqrt{3}$ 的正三角形面覆盖住.

分析: 由于所给点集 S 的直径为 1, 我们总可以作两条平行的直线将 S 夹在中间, 平行移动这两条平行线, 直到遇到 S 中的某个点为止. 这时, 两平行线间的距离不大于 1, 并把 S 夹在这两平行线之间.

用上述方法可以作出三组平行线 a, a'; b, b'; c, c', 使它们彼此两两交角为 60°. 这样, 点集 S 被包含在三个带形区域的交集内, 即一个六边形的区域中 (如图 9.15 所示), 并且得到了两个正三角形 $A_1B_1C_1$ 和 $A_2B_2C_2$.

从点集 S 中的任一点 P 向六边形的六条边分别引垂线, 垂线段分别如图 9.15 所示, 记为 d, e, f; x, y, z.

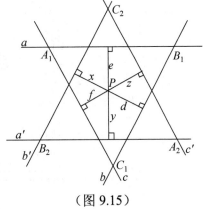

又设正三角形 $A_1B_1C_1$ 的高为 h_1, 正三角形 $A_2B_2C_2$ 的高为 h_2. 根据正三角形内一点到三边距离之和等于正三角形的高, 可得

$$d + e + f = h_1, \quad x + y + z = h_2.$$

相加得 $(x + d) + (y + e) + (z + f) = h_1 + h_2$.

但 $x + d \leqslant 1$, $y + e \leqslant 1$, $z + f \leqslant 1$,

因此 $h_1 + h_2 \leqslant 3$.

（图 9.15）

根据抽屉原则, 可以断言 h_1, h_2 中至少有一个不大于 $\dfrac{3}{2}$. 为确定起见, 不妨设 $h_1 \leqslant \dfrac{3}{2}$. 经计算知, 正三角形 $A_1B_1C_1$ 的边长不大于 $\dfrac{2}{\sqrt{3}} \times \dfrac{3}{2} = \sqrt{3}$.

由于点集 S 可以被一个边长不大于 $\sqrt{3}$ 的正三角形 $A_1B_1C_1$ 覆盖住, 所以 S 可以被边长为 $\sqrt{3}$ 的正三角形面覆盖住.

例 10 在边长为 20×25 的长方形内, 任意放入 120 个边长为 1 的正方形. 证明: 在长方形内还可以放置一个直径为 1 的圆, 它和这 120 个正方形的任何

一个都不重叠.（第 24 届莫斯科数学竞赛第二试 9 年级试题）

分析：若将直径为 1 的小圆纸片放入矩形 $ABCD$，则圆心 O 应在边长为 19×24 的矩形 $A'B'C'D'$ 内（从矩形 $ABCD$ 每一边减去一个宽为 $\frac{1}{2}$ 的矩形长条）.

若放入的小圆纸片不与某个小正方形 $EFGH$ 重叠，则我们在这个小正方形外面镶上宽为 $\frac{1}{2}$ 的边，再在小正方形 $EFGH$ 的四角镶上半径为 $\frac{1}{2}$ 的圆弧，这个圆弧的圆心角为 $90°$，这样就得到一个镶边图形 $E_1E_2H_1H_2G_1G_2F_1F_2$（如图 9.16 所示），这个图形的面积是

$$1 + 4 \times \frac{1}{2} + \frac{\pi}{4} = \frac{12 + \pi}{4}.$$

由于小圆纸片不与小正方形重叠，则圆心应在这个镶边图形之外.

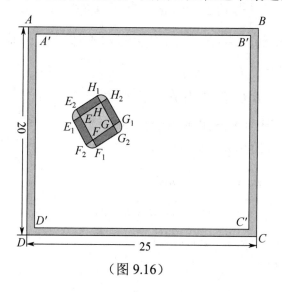

（图 9.16）

我们把放入的 120 个单位正方形都按上述方法镶上边，这时，如果 $ABCD$ 中放不进一个直径为 1 的小圆纸片 O，表明 $A'B'C'D'$ 已被这 120 个镶边小正方形覆盖住.因此，这 120 个镶边小正方形的面积总和 $S \geqslant 19 \times 24$.

但事实上，$S = 120 \times \left(\frac{12 + \pi}{4} \right) < 120 \times \left(\frac{12 + 3.2}{4} \right) = 456 = 19 \times 24$，于是得出矛盾！

这表明，在边长为 20×25 的矩形中，当放入 120 个单位正方形之后，还可以无重叠地、完整地放入一个直径为 1 的小圆纸片.

例 11 考虑如图 9.17 所示的 $\triangle ABC$ 和正 $\triangle PQR$．在 $\triangle ABC$ 中，$\angle ADB = \angle BDC = \angle CDA = 120°$．求证：$x = u + v + w.$（第 3 届美国数学奥林匹克试题）

分析：题意是，若在 $\triangle ABC$ 中，$BC = a, CA = b, AB = c$，D 是形内一点，恰满足 $\angle ADB = \angle BDC = \angle CDA = 120°$，且 $AD = u, BD = v, CD = w.$ 求证：存在边长为 x 的等边 $\triangle PQR$，其内部存在一点 O，恰使得 $OP = a, OQ = b, OR = c$，则有 $x = u + v + w.$

我们利用平移，在 $\triangle ABC$ 的基础上，将 AD、BD、CD 设法构成一个正三角形，其边恰为 $x = u + v + w.$

证明：如图 9.18 所示，以 $\triangle ABC$ 为基础，平移 AD 到 EC，平移 BD 到 FA，平移 CD 到 $GB.$ 则 $ADCE$、$BDAF$、$CDBG$ 都是平行四边形，且满足

$$CE = u, EA = w, \quad \angle AEC = 120°;$$

$$AF = v, BF = u, \quad \angle BFA = 120°;$$

$$BG = w, CG = v, \quad \angle CGB = 120°.$$

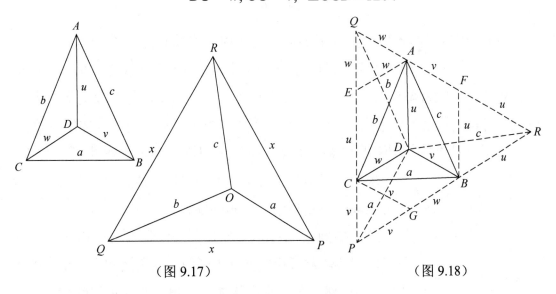

（图 9.17）　　　　　（图 9.18）

将线段 CE、AF、BG 向两边延长，相交成 $\triangle PQR.$ 易知 $\triangle PCG, \triangle QAE,$ $\triangle RBF$ 都是等边三角形，即

$$PC = PG = CG = v, QA = QE = AE = w, RB = RF = BF = u.$$

则 $\triangle PQR$ 也是等边三角形，且 $PQ = QR = RP = u + v + w.$

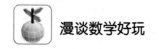
因为 $PBDC$、$QCDA$、$RADB$ 都是等腰梯形，所以，$DP = a, DQ = b, DR = c$. 换言之，点 D 就是题设中边长为 x 的正三角形内的点 O.

例 12 在单位正方形周界上任意两点之间连一曲线，如果它把这个正方形分成面积相等的两部分. 试证：这个曲线段的长度不小于 1.

分析：（1）"周界任两点"在正方形的一组对边上时，如图 9.19①所示，结论显然成立.

（2）"周界任两点"在正方形的一组邻边上时，可连接该正方形的一条对角线，如图 9.19②所示，以所连对角线为对称轴，作轴对称变换，化归为图 9.19①的情形.

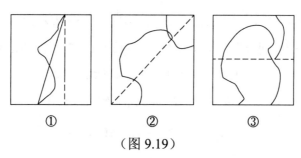

①　　　　②　　　　③

（图 9.19）

（3）"周界任两点"在正方形的同一边上时，可将正方形的一组对边上的中点连线，如图 9.19③所示，以所连的一组对边上的中点连线为对称轴，作轴对称变换，化归为图 9.19①的情形. 在上述①、②、③中，①是最基本的情况. 通过轴对称（反射）的手段，实现了②、③化归为①，从而得到问题的解答.

例 13 P 为正 $\triangle ABC$ 内一点，$\angle APB = 113°$，$\angle APC = 123°$（如图 9.20 所示）.

求证：以 AP, BP, CP 为边可以构成一个三角形. 并确定所构成的三角形的各内角的度数.

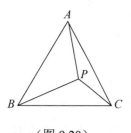

（图 9.20）

解：要判断 AP, BP, CP 三条线段是否可以构成一个三角形的三边，常采用判定其中任两条线段之和大于第三条线段的办法. 然而如何求所构成的三角形各内角的度数，又会使你束手无策. 怎么办？如果以 C 为中心，将 $\triangle APC$ 逆时针旋转 $60°$，A 点变到 B 点，线段 CA 变到 CB，P 点变到 P_1 点. 奇迹发生了！此时，$CP = CP_1$ 并且 $\angle PCP_1 = 60°$，$\triangle APC \cong \triangle BP_1C$（理由：$AC = BC$，$\angle ACP = \angle BCP_1 = 60° - \angle PCB$，$CP = CP_1$）（如图 9.21 所示）.

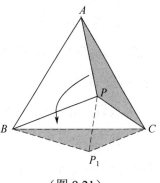

当然有 $AP = BP_1$，$\angle BP_1C = \angle APC = 123°$.

容易由 $CP = CP_1$，$\angle PCP_1 = 60°$，知 $\triangle PCP_1$ 为等边三角形，所以 $PP_1 = CP$，$\angle CPP_1 = \angle CP_1P = 60°$. 这时，$\triangle BPP_1$ 就是以 BP，AP（$= BP_1$），CP（$= PP_1$）为三边构成的三角形. 易知 $\angle BP_1P = \angle BP_1C - \angle CP_1P = \angle APC - 60° = 123° - 60° = 63°$，又 $\angle BPC = 360° - 113° - 123° = 124°$，所以 $\angle BPP_1 = \angle BPC - \angle CPP_1 = 124° - 60° = 64°$，因此 $\angle PBP_1 = 180° - 63° - 64° = 53°$.

（图 9.21）

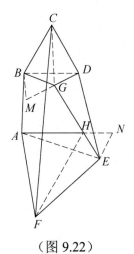

例 14　如图 9.22 所示，$ABCDEF$ 是凸六边形. $BC = CD$，$EF = FA$，$\angle BCD = \angle EFA = 60°$. 设 G 和 H 是这个六边形内的两点，使得 $\angle BGD = \angle AHE = 120°$.

求证：$BG + GD + GH + HA + HE \geqslant CF$.

分析：连接 CG,FH. 易见 $CG + GH + HF \geqslant CF$.

要证 $BG + GD + GH + HA + HE \geqslant CF$.

证明 $BG + GD \geqslant CG$，$HA + HE \geqslant HF$ 即可.

证明：连接 BD，EA，由于 $BC = CD$，$EF = FA$，$\angle BCD = \angle EFA = 60°$，则 $\triangle BCD$，$\triangle AEF$ 是正三角形.

（图 9.22）

因为 $\angle BGD = \angle AHE = 120°$. 所以 B,C,D,G 四点共圆，E，F，A，H 四点共圆，因此 $\angle BCG = \angle BDG$，$\angle EFH = \angle EAH$.

以 B 为旋转中心，将 $\triangle BCG$ 顺时针旋转 $60°$，使 $\angle BCG$ 与 $\angle BDG$ 重合，$\triangle BCG$ 落到 $\triangle BDM$ 的位置. 即 $\triangle BCG \cong \triangle BDM$. 易知 $\triangle BGM$ 是正三角形，所以 $MG = BG$，因此 $BG + GD = MG + GD = DM = CG.$ ①

同法，以 E 为旋转中心，将 $\triangle EFH$ 顺时针旋转 $60°$，使 $\triangle EFH$ 落到 $\triangle EAN$ 的位置. 即 $\triangle EFH \cong \triangle EAN$，可证得 $HA + HE = HF.$ ②

由线段的性质得 $CG + GH + HF \geqslant CF.$ ③

将式①，式②代入式③得 $BG + GD + GH + HA + HE \geqslant CF.$

有时，在解题中也可以多种变换联合使用. 比如第 38 届 IMO 的第 5 题：

如图 9.23 所示，在凸六边形 $ABCDEF$ 中，$AB = BC = CD$，$DE = EF = FA$，$\angle BCD = \angle EFA = 60°$. 设 G 和 H 是这个六边形内的两点，使得 $\angle AGB = \angle DHE = 120°$.

求证：$AG + GB + GH + DH + HE \geqslant CF$.

其实，只要作六边形 $ABCDEF$ 关于 BE 所在直线 l 的轴对称图形 DBC_1AEF_1（如图 9.24 所示）即可，根据例 14 的结果，有

$$AG + GB + GH + DH + HE \geqslant C_1F_1.$$

注意到 $C_1F_1 = CF$，所以 $AG + GB + GH + DH + HE \geqslant CF$.

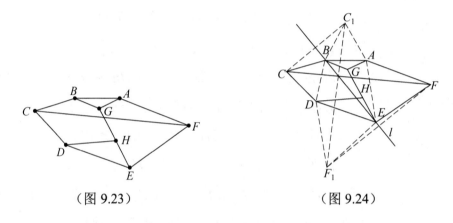

（图 9.23）　　　　　　　（图 9.24）

例 15 （1）证明：2018 可以表示为两个正整数的平方和.

（2）证明：存在这样的三角形，可以把它分割为 2018 个全等的三角形.

（2018 年北京市高一数学竞赛复赛试题）

证明：（1）设 2018 可以表示为正整数 x，y 的平方和. 因为 2018 被 4 除余 2，奇数的平方被 4 除余 1，偶数的平方是 4 的倍数，故 x，y 必同时为奇数.

又因奇数的平方的个位数必为 1、5、9 之一，要使两个奇数的平方和的个位数为 8，只能是这两个奇数的平方的个位数都是 9，即这两个奇数的个位数为 3 或 7. 又设 $x \leqslant y$，则 $\dfrac{2018}{2} \leqslant y^2 < 2018$，即 $1009 \leqslant y^2 < 2018$.

因为 $31^2 = 961$，$32^2 = 1024$，$44^2 = 1936$，$45^2 = 2025$，所以 $32 \leqslant y \leqslant 44$，$y$ 的可能值只有 33、37、43，列表如下.

y	y^2	$2018-y^2$	$2018-y^2$ 是否为平方数
33	1089	929	否
37	1369	649	否
43	1849	169	是

因为 $169=13^2$，故符合条件的正整数 $(x,\ y)$ 仅有 $(13,\ 43)$ 这一组. 即 $13^2+43^2=2018$.

（2）我们发现 $2018=169+1849=13^2+43^2$，这使我们构想：将直角边长为 13 和 43 的一个直角三角形引斜边上的高线，分该三角形为两个相似的直角三角形，其斜边分别为 13 和 43，将斜边为 13 的直角三角形各边 13 等分，分成 169 个斜边为 1 的小直角三角形；将斜边为 43 的直角三角形各边 43 等分，分成 1849 个斜边为 1 的小直角三角形；合起来共分割成了 $169+1849=2018$ 个斜边为 1 的彼此全等的小直角三角形. 因此满足题设要求的三角形是存在的.

例 16　在凸四边形 $ABCD$ 中，$\angle ADB+\angle ACB=$ $\angle CAB+\angle DBA=30^\circ$，且 $AD=BC$. 证明，线段 DB，CA，DC 可以围成一个直角三角形.

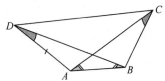

（第九届丝绸之路竞赛试题）

解：如图 9.25 所示，对角标字母或数字符号. 因为 $\angle 1+\angle 2=30^\circ$，所以 $\angle 3+\angle 4=30^\circ$.

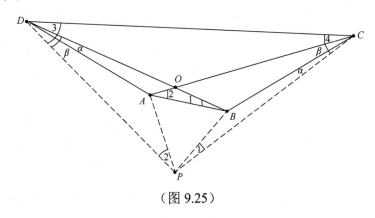

（图 9.25）

将 △CAB 通过旋转、平移放到 △DPA 的位置，即作 △DPA≌△CAB. 连接 PB，PC.

易知 ∠PAB = ∠PDB+∠APD+∠ABD = (α+β)+(∠1+∠2) = 30°+30° = 60°. 又 AP=AB，所以 △PAB 是正三角形，∠ABP = ∠APB = 60°.

在 △CBP 与 △DAB 中，因为 CB=DA，∠CBP = 360°−60°−∠CBA = 360°−60°−∠DAP = ∠DAB，PB=BA，所以 △CBP≌△DAB（边、角、边），因此 CP=DB.

另外 ∠CPD = ∠1+60°+∠2 = 60°+30° = 90°，△CPD 是直角三角形，表明线段 CP，DP，DC 可以围成一个直角三角形. 因为 DB=CP，CA=DP，即线段 DB，CA，DC 可以围成一个直角三角形.

最后以我的一首回答所谓奥数是"黄、赌、毒"的词作，与大家共勉！

清平乐·奥数与数奥（2011 年 2 月 19 日）

奥数、数奥，思维健美操，数学文化普及好，有益素养提高.

非黄、非赌、非毒，绿色健脑面包，今日少年才俊，未来科苑英豪.

注：奥数：奥林匹克数学的简称，也称竞赛数学. 数奥：数学奥林匹克的简称，意译为数学竞赛.